青年职业形象管理手册

陈　郁　尹青骊　李伊涵　刘宝华 ◎著
新媒体交互设计师　郑　奇

人民邮电出版社
北　京

图书在版编目（CIP）数据

青年职业形象管理手册 / 陈郁等著. -- 北京 : 人民邮电出版社, 2017.10
ISBN 978-7-115-46704-1

Ⅰ. ①青… Ⅱ. ①陈… Ⅲ. ①青年－形象－设计－手册②职业选择－礼仪－手册 Ⅳ. ①B834.3-62
②C913.2-62

中国版本图书馆CIP数据核字(2017)第203978号

内 容 提 要

本书是专门针对青年的职业形象设计而编写的教程，书中分为男生篇、女生篇和礼仪篇三部分内容，分别对男士职场仪容、服装、服饰管理，女士职场妆容、服装、服饰管理以及面试基本礼仪进行了详细深入的求职形象设计指导。同时，书中还有多个视频，通过课前介绍、“HR说”等小栏目使读者多方位了解求职形象。

本书适合职业规划导师、大学毕业生、求职新人等阅读。

◆ 著　　　陈 郁　尹青骊　李伊涵　刘宝华
责任编辑　李天骄
责任印制　周昇亮

◆ 人民邮电出版社出版发行　北京市丰台区成寿寺路 11 号
邮编 100164　电子邮件 315@ptpress.com.cn
网址 http://www.ptpress.com.cn
北京瑞禾彩色印刷有限公司印刷

◆ 开本：787×1092 1/16
印张：6.5　　2017 年 10 月第 1 版
字数：149 千字　　2017 年 10 月北京第 1 次印刷

定价：59.00 元

读者服务热线：(010)81055296　印装质量热线：(010)81055316
反盗版热线：(010)81055315
广告经营许可证：京东工商广登字 20170147 号

编委会

序

职业形象不同于一般大众心目中的普世审美标准，而是从业者根据行业和岗位要求，通过对服装服饰、妆容、肢体动作、语言等各个环节的规则了解和内化训练，呈现出符合行业期待的个人或团队形象，引起公众对从业者专业度的心理认可，从而获得第一印象“信任”的形象。对职业形象的正确认知和自我实施作为新型职场技能，既可以使从业者获得就业的机会，也可以提升其职场竞争力。职业形象的训练也是在构建职场的生活方式。

作者陈郁是专注于职业形象研究长达20多年的学者和教育工作者，她带领其团队一直活跃在该领域研发、教育培训一线。2010年，她从专业教师岗位转到高校就业岗位之后，又敏锐地发现了大学生求职形象研究的迫切性及教育的重要性，而这正是本书编写的初衷。

日前，“青年就业见习计划”位列10大重点项目的第4位。高度专业化的就业指导内容之一的职业形象，作为可视化职业素质，是从业者获得见习、就业机会的第一步。

传统就业指导的重点、难点问题是职业形象的有效教育。学员迈向职场的第一步是要通过面试拿到工作机会，而面试时良好的第一印象始于职业形象，是可视化的职业素质。职业形象学习的难点在于实操性强，所需练习不适合在教室进行。该教材通过引导学习流程及其配套程序，解决了学生随时随地练习的专业指导问题。

本书是一本以个人研究成果为主，通过互联网教育技术引导学生学习的图书，是内容团队与技术团队合作的结晶，也是一本创新之作。

目录

CONTENTS

第一部分　男生篇

第二部分 女生篇

第三部分 礼仪篇

第一部分 男生篇

第一章 男生职场仪容管理

知己——你离职场男神有多远

听“HR 说”，了解你不知道的面试细节。

《“HR 说”面试之职业形象 1》

（扫描二维码观看微视频）

课前准备：

1／你重视脸部清洁护肤吗？（重视、不重视）

2／你认为职场男生应该做面部修饰吗？（应该、不应该）

3／你认为职场接受男生只戴镜架不戴镜片吗？（接受、不接受）

4／你认为男生可以涂护唇膏吗？（可以、不需要）

扫描封底的二维码，上传你的答案。这是评估你的“职场男神”指数的重要依据哦！

知彼——你需要知道的职场男神要素

第一节 打造型男“关键点”——仪容仪表

现代社会对个人仪容仪表的维护和保养已经达成一定的共识，即健康、美观和追求个性。相对于女士而言，男生的面部保养和维护没有那么复杂和烦琐，但进行个人形象的清洁、保养和修饰的方法已被越来越多的男生接受和认同。作为刚刚踏入社会的大学生，了解一些基础的面部维护方法还是非常重要的。下面就从清洁和修饰两个方面进行介绍。

图 1 清爽俊逸的职场型男造型

一、男生面部的基本清洁保养

1／男生面部清洁方法

男生面部经常会出现的问题就是“青春痘”，这一现象除了个人内分泌方面的原因之外，也与脸部毛孔腺体分泌物过多有关，导致毛孔堵塞，出现“痘痘”。因此，正确及时的面部清洁是有效减缓这一问题的方法。以下方法会指导大家进行正确的面部清洁，以提升你的型男魅力指数。

图 2　正确的面部清洁方法很重要

1）了解皮肤的质地

油性皮肤的男生容易长痘痘或暗疮，若护理不当（比如经常用手去挤压）会留下凹洞疤痕，因此，做好控油是重要基础，特别推荐你选择有控油效果的洗面用品。

干性皮肤的男生毛孔较小，洗完脸之后容易出现紧绷感，脸部容易脱皮，因此保湿是第一要务，尽量避免使用肥皂类的洗涤用品，特别推荐你使用补水保湿的洗面用品。

2）面部清洁的正确步骤

温水湿脸—使用洗面奶—搓洗面部—冷水洗净—毛巾按压—涂爽肤水—涂护肤品

3）日常护肤要点

清洁：保持皮肤的干净清爽是护肤的最重要因素，早晚洗脸之后及时涂抹护肤品是良好的生活习惯，贵在坚持。

保湿：尤其对于干性皮肤的男生，使用保湿护肤品之后建议使用含油成分的营养霜。

防晒：皮肤最怕的侵蚀就是烈日暴晒，这会加快皮肤的老化，并且造成油脂分泌过剩或者生成暗斑。防晒是男女生护肤的必修课！

2／日常面部护理细节

皮肤护理：早晚做好日常清洁；防晒保湿是基础环节；不要用手挤压粉刺；选择适合自己肤质的护肤用品。

鼻子护理：及时修剪鼻毛；关注鼻翼两侧的毛孔；不用力擤鼻子，不抠鼻子；利用淡盐水清洗鼻腔有利于健康。

胡须护理：使用剃须膏或刮胡液；确保剃须时不损伤皮肤；剃须后使用须后水、润肤露等进行护肤。

耳朵护理：保持耳孔周边的清洁非常重要；洗澡时一定不要忽略耳部的清洗；在商务类场合不能使用耳部装饰；公共场合不能掏耳朵。

牙齿护理：使用正确的刷牙方法；使用漱口水，保持口气清新；饭后养成漱口的习惯；不在公共场合剔牙。

3/ 男生面部护理基础用品

图 3 要使用适合男士的护肤品

选择男生护肤用品的重要原则就是：适合自己，男生专用。

也就是说，一定要在了解自己肤质的基础上进行选择；不可使用女性护肤品，因为两者成分（pH 值）是不同的。以下介绍几种男生专用的基础护理必备用品，助力你养成型男的良好生活习惯。

洁面用品：日常清洁最基本的配备。要根据自己面部的干、油肤质进行选择，分别有洗面奶、洗面霜、香皂等。

剃须膏：男生剃须时采用湿剃的必备辅助用品。湿剃既能很好地解决剃须的问题，又间接达到了洁面的效果。因此，向各位男士强力推荐这种剃须方式。

须后水：也可以用爽肤水替代。它的作用主要是保湿、收缩毛孔和紧致皮肤。

护肤霜：这是养护皮肤的重要手段之一，要根据自己的肤质进行选择；夏天可以是护肤乳液，冬天最好使用霜膏类护肤品。

防晒霜：要根据自己的干、油肤质进行选择，在夏天它更是皮肤护理的必备品哦！

选购 *tips*：

1. 吸烟、喝酒都是护肤的“劲敌”，尤其会造成皮肤粗糙、粉刺、暗疮和酒糟鼻的形成，请各位男生务必严控。
2. 适当地使用一些面膜也是护肤养肤的有效手段，既经济又见效，建议型男们尝试一下。
3. 冬季使用护肤唇膏是型男实现精致生活的有效途径之一，也是提升生活品质的重要手段。

二、男生面部修饰“道具”——眼镜

图 4　使用眼镜可以起到修饰面部的作用

在现代社会，佩戴眼镜已经不仅仅是解决视力不佳的问题，它已经成为很多男生和女生用于修饰面部的“新宠”。选择正确、合适的眼镜形状，不仅会对脸型起到修正作用，还能有效塑造独特的个人魅力。

1/ 眼镜的基本结构

眼镜的构成比较简单，包括镜框、鼻梁、鼻托、桩头、镜腿、铰链和螺丝几个主要部分。

2/ 眼镜框常见材质

金属材质：这类镜框的金属材质以合金类为主，它的优点是耐磨性和耐腐蚀性较好，造型的强度较好，不易变形，牢固度高；其缺点是个别合金系列镜框对一些皮肤敏感人群会造成过敏反应。

塑料或树脂材质：这是化学合成材质，优点是造型丰富，色彩多变，强度较高，使用寿命较长；其缺点是耐腐蚀性差，且有一定的化学味道。

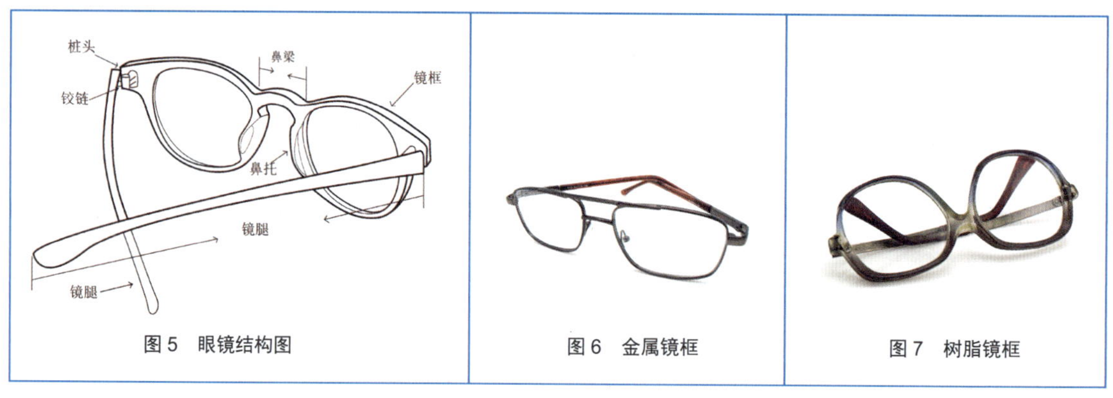

图 5　眼镜结构图

图 6　金属镜框

图 7　树脂镜框

天然材质：例如特殊木材、玳瑁、动物的头角等。还有一些贵金属类的镜架，它们品质高端，属于奢侈品范畴，价位也就高一些。

除了以上三种之外，还有就是将上述材料混合搭配使用，例如树脂类的镜腿加上合金类的镜框，也比较常见。

3/ 镜框的常见造型

全框架：最基础的眼镜框架，可以装配较厚的镜片。

无框架：没有外围的镜框圈，只有金属鼻梁和镜腿。

半框镜架：镜框的上半部分是金属或板材质地，下半部分使用细尼龙丝作为框架边缘，起到固定的作用。

组合架：在镜框前面夹另一组镜片，可以上翻，适合近视患者及户外遮阳使用。

折叠架：镜架可以折叠成 4 折或 6 折，收纳方便，多作为老花镜使用。

选购 *tips*：

1. 镜框的款式要与自己的脸型进行搭配，起到既实用又美观的作用。
2. 两个镜片的光泽度要保持一致，镜片无划痕。
3. 要注意观察镜架腿、鼻托、铰链、螺丝等细节的精致程度。
4. 了解镜架的材质标识：GF 为包金架、GP 为镀金架、Ti-P 代表纯钛、Ti-C 则代表钛合金。
5. 面部五官结构清晰、轮廓起伏较大的男生适合选择廓形简单的眼镜，尤其是无边框眼镜更能突出英俊的五官造型。
6. 面部五官比较柔和、轮廓起伏比较平的男生，可以尝试廓形夸张或者鲜明的眼镜，利用眼镜制造面部的层次感也是不错的方法。
7. 宽边眼镜有减龄的效果，但是不合适脸小、五官较小的男生。
8. 眼镜的颜色在商务类场合不宜过于夸张花哨，传统的黑色、棕色或金属色是比较保险的选择。

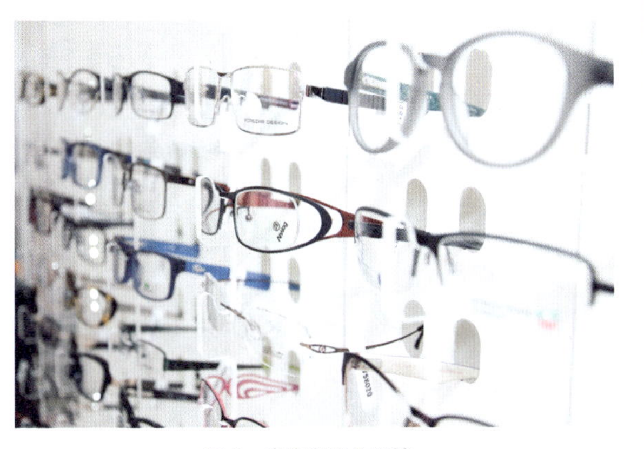

图 8　丰富多彩的眼镜

图 9　选购适合自己的眼镜很重要

4 / 眼镜与脸型的搭配

“O”字脸：适合廓形有延伸感的镜架外观，忌圆形镜框。

图 10　“O”字脸适合的镜框

“国”字脸：适合有曲线感的镜框，可增加脸部的弧度效果，减弱直线感。

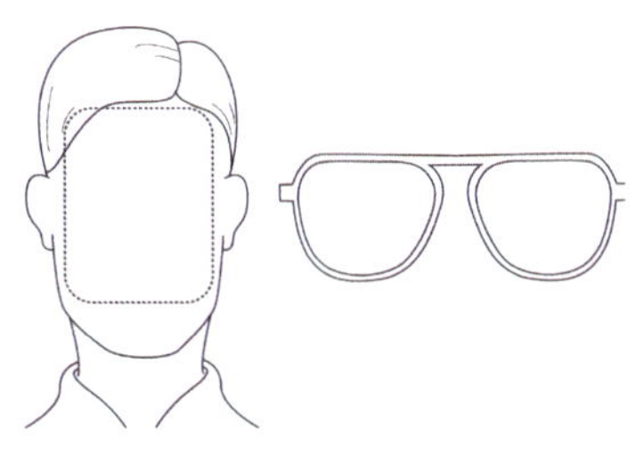

图 11　“国”字脸适合的镜框

"甲"字脸：适合方形镜框造型，能够适当增加脸下部的扩张感，转移尖下巴的视觉焦点。

图 12 "甲"字脸适合的镜框

"申"字脸：适合圆形镜框，可通过镜框的曲线弧度适当柔和脸部的直线拉伸感。

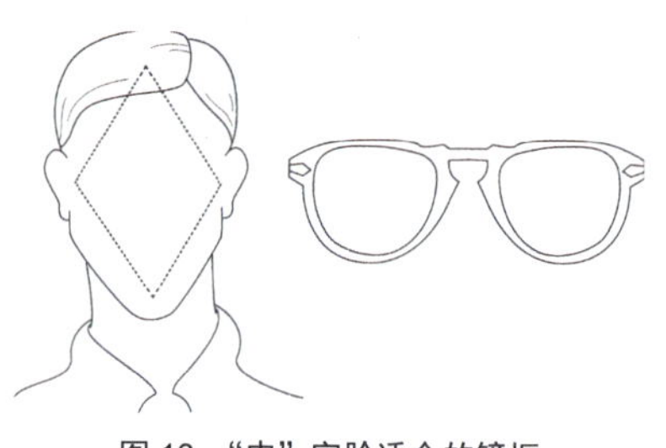

图 13 "申"字脸适合的镜框

"由"字脸：适合上半部分有扩张感或者直线条的镜框，可减弱头部上尖下宽的视觉效果。

图 14 "由"字脸适合的镜框

百战——你的职场男神养成之路 1

1／你的面部属于哪种肤质？（均衡、出油、偏干、起皮）

2／你的洁面用品属于哪种类型？（男用、女用、中性、其他）

3／你剃须采用哪种方式？（湿剃、干剃）

4／你戴眼镜吗？（戴、不戴）

5／如果你戴眼镜，应聘前你会考虑换一副符合职场要求的眼镜吗？（会、不会）

扫描封底二维码，上传你的答案，这是评估你的"职场男神"指数的重要依据哟。

知己——你离职场男神有多远

课前梳理：

1／你认为自己现在的发型符合职场的要求吗？（符合、不符合、不知道）

2／你了解自己的发质吗？（了解、不了解）

3／你每周洗头的频率是几次？（每天、两天、3 天以上）

4／你是根据自己的发质选择洗发水吗？（是、不是、不知道）

5／你有自己相对固定的理发师吗？（有、没有）

扫描封底的二维码，上传你的答案，这是评估你的“职场男神”指数的重要依据哦。

知彼——你需要知道的职场男神要素

第二节　塑造型男“靓点”——完美发型

发型不仅体现着一个人的生活态度，更是精神面貌和审美品位的展现。现代型男职场社交类发型以短发为主，前不遮眉，侧不遮耳，后不及领，鬓角不超过耳朵的中部。发长控制在 3 ~ 5cm 或 7 ~ 10cm，不留长发，不烫发染发。

一、职场类发型与脸型的搭配

1/“国字脸”与发型

脸型的特点：这类脸型就是俗称的“方脸”，脸型偏大，轮廓的直线条感较强。

适合的发型：干净、利落的短发较为适合。利用充满阳刚的发型拉长拉高脸部的线条，进行视觉调节。

不适合的发型：切忌刘海造型，不要使用乱发和卷发来打破脸部的直线造型，否则会减弱男性特有的阳刚气质，反而会增加脸部的宽度，使人看起来不够干净清爽。

2/“甲字脸”与发型

脸型的特点：这类脸型类似心形，额头部分偏大，下巴收尖，

图 1　发型是个人精神面貌和审美品位的展现

脸侧呈斜线形。

适合的发型：可以将发冠进行微卷、蓬松的层次处理，利用曲线造型减弱额头过宽的视觉效果。也可以选择上梳侧分线或者有层次的刘海造型。

不适合的发型：切忌长直发或者过短的板寸头，那样容易造成脸部上下线条对比过大的效果。

图 2 “国字脸”适合的发型

图 3 “甲字脸”适合的发型

3/ “由字脸”与发型

脸型的特点：这类脸型类似三角形，额头较窄，下颌部分较宽，形成上窄下宽的视觉效果。

适合的发型：可利用在头顶增加发量进行造型的方法来打破这类脸型上部过窄、视觉下沉的效果。向后高梳、两侧打薄的发型比较容易拉长脸型，增加提升感。

不适合的发型：切忌板寸短发；鬓角过厚或过长都不适合。

4/ “申字脸”与发型

脸型的特点：这类脸型颧骨宽，下巴、额头窄，呈现长方形的效果。

适合的发型：利用向下修出层次的刘海来解决脸型过长的问题，也可以选择多发量的蓬松感造型。

不适合的发型：长型“申字脸”切忌向后向上高梳的背头造型。

图 4 “由字脸”适合的发型

图 5 “申字脸”适合的发型

二、职场发型的维护与日常打理

1/ 型男造型第一步——头发清洁

1）发质偏油的男生要坚持每天洗头，早上清洗会保持一天的清爽；干性发质的男生可根据季节适当降低清洗的频率，但是绝不能等头发出油、出头皮屑了再做清洗。

2）根据发质选择正确的洗发水也是关键环节，认真阅读洗发水的性质（干性或者油性）介绍，购买和使用后才会真正起到清洁的作用。

3）对于职场发型来说，不提倡染发、烫发；简洁、适合自己脸型的短发最为合适。

4）头发的防晒也很重要，头发要尽量少地暴露在烈日下。保护头皮不被暴晒，对减少脱发和出油很有效。

2/ 型男造型第二步——使用造型工具

啫喱膏：在自己的头发七八成干的时候，将啫喱膏喷到头上，用手或者梳子打理出造型，既能保湿又可以起到强力定型的作用。

发蜡：可以提升头发的亮度和光泽感，是塑造帅酷造型的又一“神器”。

吹风机：中长发的男生可以使用吹风机塑造发型，例如蓬松后甩的背头、卷曲舒展的自然发型等。

图 6 职场形象中鬓角的标准长度是在耳朵中部偏上位置

头发养护 *tips*：

1. 头发不出油、没有头皮屑是职场形象的重要原则。
2. 职场形象，男生鬓角的标准长度是在耳朵的中部偏上位置。
3. 要养成日常关注并保持发型清洁整齐的好习惯。

百战——你的职场男神养成之路 2

在了解自己的脸型特征的基础上，到理发店与发型师设计协商，修剪出更加适合你发型。

检查内容：

(1) 你关注你的鬓角长度和整齐度并及时修剪吗？（关注、不关注）

(2) 你关注你后颈头发的长度长到衬衫后领的周期并定期及时修剪吗？（修剪、不修剪）

扫描封底二维码，上传你的答案，这是评估你的“职场男神”的重要依据哟。

第二章　男生职场服装管理

知己——你离职场男神有多远

课前梳理：你准备了正确的职场衬衫了吗？

1／你知道什么样的衬衫是职场衬衫吗？（知道、知道一点、不知道）

2／你有几件衬衫？有（1件、2件、3件以上）无

3／你的衬衫都合体吗？（合体、不合体、不知道）

4／你的衬衫的颜色与你的肤色和谐吗？（和谐、不和谐、不知道）

5／你的衬衫洗后一定会熨烫吗？（会、不会）

6／你的衬衫领子和袖口有明显可见的汗渍吗？（有、无）

扫描封底的二维码，上传你的答案，这是评估你的“职场男神”指数的重要依据哦。

知彼——你需要知道的职场男神要素

第一节　职场型男标配“神器”——职场衬衫

干净挺括的职场衬衫作为职业场合最具男性特征标志的服装款式，是年轻、蓬勃、职业、信任的名片，它最能代表男性的专属魅力，是男士职业形象搭配的基础。因此，了解它、认识它、并有效地使用它是打开“型男”之门的第一把钥匙。让我们来了解一下这个神器吧。

图 1　白衬衫是职场型男的标配之一

一、图识衬衫

衬衫的基本结构：

领子（有十几种造型之多）

袖子（有长短之分）

袖口（两粒扣是最常见的形式）

宝剑头（是男士衬衫的标志性装饰之一）

过肩（会增加活动的舒适感，同时还有不错的装饰性）

纽扣（标准衬衫一般为 6 颗）

门襟（多为双线缝制的装饰效果）

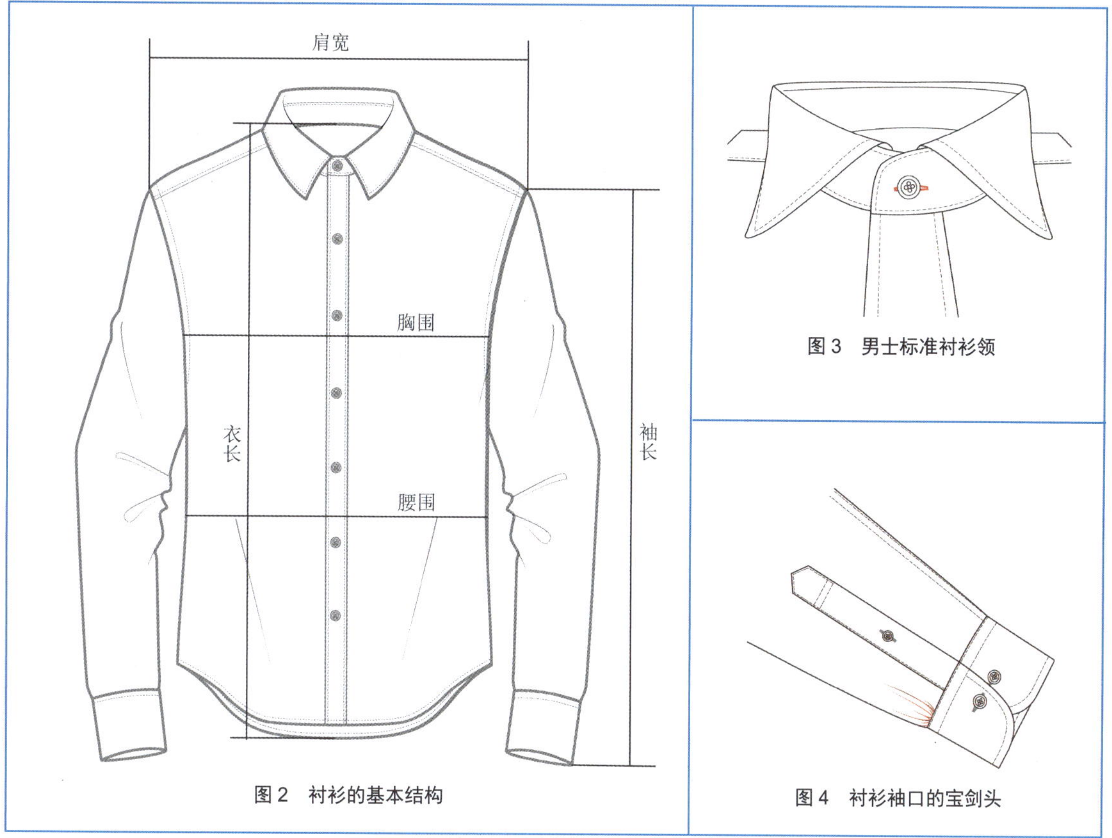

图 2 衬衫的基本结构

图 3 男士标准衬衫领

图 4 衬衫袖口的宝剑头

二、辨识衬衫

参加公务员以及公司行政、销售等岗位的面试时，选择正确的职场衬衫类型非常重要。它可以有效地提升一个人的精神面貌，增强自信心和职业感。常见的职场衬衫的主要特点就是“笔挺有型”。下面我们就从衬衫的色彩、面料和款型几个方面详细解读一下职场衬衫的特点。

1 / 职场衬衫的色彩、图案

职场衬衫的色彩是职业形象第一印象的关键点，衬衫是紧贴皮肤的衣物，选择与肤色协调的色彩是非常重要的。衬衫经典的代表色有白色、蓝色，图案有细条纹。

2/ 白色系衬衫

白色系衬衫是男衬衫的百搭之王。它对于各种类型的服装、各种体型和气质的穿着者的配合度都是极高的。其面料以纯棉为佳，可以细分为本白色和漂白色两类；其中本白色发黄，偏暖色系，漂白色发青，偏冷色系，选择时注意与肤色的和谐。

3/ 蓝色系衬衫

蓝色系衬衫也是职场衬衫的必备之选。它相比白衬衫更多了一种神秘感和内敛气质，尤其对那些对自己的体型不太自信的男士来说是个不错的选择。

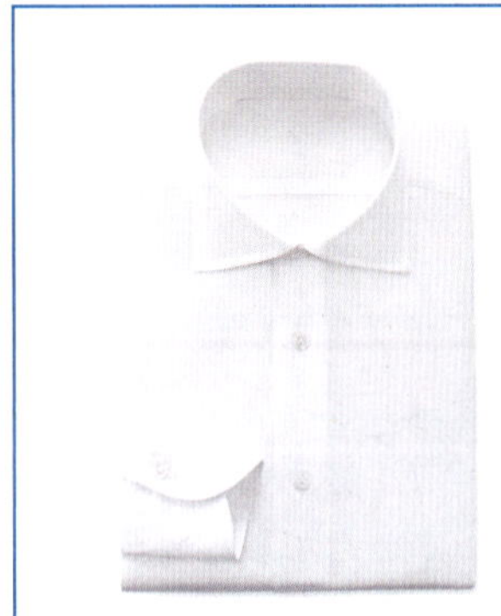

图 5 标准白色男衬衫

图 6 浅蓝色系衬衫

图 7 蓝色系衬衫

4/ 细条纹衬衫

细条纹衬衫既具有白衬衫的清爽，还利用色彩和条纹的组合增加了一种视觉上的节奏，让看起来“冰冷”的白色变得亲和了许多，也会让着装者显得更加年轻、富有朝气。

图 8 粉色细条纹衬衫

图 9 蓝色细条纹衬衫

选购 *tips*：

1. 选购职场衬衫不能出现透明、露点的穿着状况。
2. 薄型衬衫既可以单穿，也适合搭配西服套装穿着。
3. 纱织紧密的厚纯棉衬衫不适合穿在西服里面，单穿更好。

百战——你的职场男神养成之路 3

记录一下你穿哪种颜色衬衫的被认可度最高

1／白色衬衫：认可（1人、2人、3人、4人、5人）

认可理由（显气色好、显高、其他）

不认可（1人、2人、3人、4人、5人）

不认可理由（显气色差、显矮）

2／蓝色衬衫：认可（1人、2人、3人、4人、5人）

认可理由（显气色好、显高、其他）

不认可（1人、2人、3人、4人、5人）

不认可理由（显气色差、显矮）

3／条纹衬衫：认可（1人、2人、3人、4人、5人）

认可理由（显气色好、显高、其他）

不认可（1人、2人、3人、4人、5人）

不认可理由（显气色差、显矮）

扫描封底二维码，上传你的答案，这是评估你的“职场男神”指数的重要依据哟。

三、衬衫领型

男生职场衬衫的款型多为直线条造型，以营造出笔挺的视觉效果。选择合适的职场衬衫要注意结合几个关键点：领型、袖型和外轮廓。其中衬衫领的变化非常丰富。它可以说是整件服装的“咽喉”，也是塑造良好“第一印象”的重要内容。选择时重点在领尖，要求其做工精致，两个尖点保持对称，领内衬的硬挺度要好。常见的领型有以下 4 种。

1／欧式经典领型

欧式经典型：细节考究，具有华丽的贵族风格。

领型：方领，对圆脸型有一定的修正作用。

图 10 欧式经典领型男衬衫

2／日式简约领型

日式简约型：清新简洁，具有含蓄内敛的亚洲风格。

领型：小方领

图 11 日式简约领型男衬衫

3/ 美式休闲领型

美式休闲型：自由、个性，具有乐天潇洒的美式风格。

领型：尖领（有领尖扣）

图 12 美式休闲领型男衬衫

4/ 英式温莎领型

英式温莎型：复古优雅，具有英式古典优雅的风格。

领型：温莎领，是方形“国字脸”和身材不高男士的首选。

图 13 英式温莎领型男衬衫

选购 *tips*：

1. 衬衫领围的尺寸以刚好可以放入两根手指为佳，不松不紧。
2. 衬衫衣领的后部应该露出西装衣领 2.5cm 左右。
3. 领尖能紧贴衬衣，搭配的领带不会把领角撑开。
4. 特别提示：选择衬衫领型时要考虑自己的脸型特征，其中方形脸或大脸盘的男生忌穿窄领型，尖脸型或瘦长脸盘的男生忌穿宽领型（例如温莎领）。

图 14 衬衫的领围不要太紧，以能放入两根手指为佳

四、衬衫的外轮廓

图 15 男士衬衫的三种基本廓形

衬衫的外轮廓主要靠肩部和胸部的造型得以体现。通过肩部笔直扩张的线条和胸部适当的围度塑造出一个接近“倒三角”形的轮廓。常见的衬衫外轮廓分为宽松款、标准款和修身款。前两

种款型对身材的要求较低，修身款则是拥有完美身材男士的首选。选择衬衫最重要的就是合适——适合自己体型的衬衫才是好衬衫。以下根据不同的体型来分析适合的衬衫类型。

图 16 适合自己体型的衬衫才是好衬衫

1/ 清瘦体型与衬衫外轮廓

适合：标准款是该体型的首选，可以让过瘦的体型得到一定的宽度修正；如果是清瘦又不失肌肉的体型，也可以选择修身款。

不适合：宽松款会对清瘦体型造成面料堆积过多的情况，形成臃肿和邋遢的视觉效果。

2/ 健硕体型与衬衫外轮廓

适合：修身款是这类体型的首选，但要注意尺寸不可过小过紧。如果肌肉感不强的话，标准款也是一个比较舒适的选择，既可以掩盖一定的体型缺陷，还可以避免邋遢的感觉。

不适合：宽松款不利于展现这类体型的优势。

3/ 胖体型与衬衫外轮廓

适合：宽松款是这类体型的首选，它既提供了一定的舒适度，还可以适当遮掩体型的不足；但要注意选择

合适的尺码，尤其是肩宽要合适。这样，可以通过肩部的直线条来修正身体的臃肿感。

不适合：对修身款要尽量避免。

选购 *tips*：

1. 衬衫的肩宽不要过宽，穿着后不能出现垮下来的造型；但也不能过窄，以防过紧对动作有所束缚。
2. 正常衣长量取方式（后衣长）：从第七颈椎点（衬衫后领底中心）至臀部下围取平位置再减掉 2cm。
3. 后衣长应该比前面长一点，以确保弯腰时不会出现衬衫被带出裤子的情况。原则就是宁长勿短，要能保证衬衫可以束到裤子里。
4. 三围测量时以能够正常活动为宜，不要太松也不要太紧。腰部要尽量合身，避免衬衫束进裤子里时会出现过多的皱褶，显得比较臃肿、杂乱。
5. 袖子的长度应该能覆盖手腕，刚好达到拇指根部。穿在西服里面时，衬衫的袖口应该露出西服袖口 1.2 ~ 1.5cm。
6. 袖笼（袖肥）的大小要合适，以确保抬手时不会将衣服下摆带出裤子。

图 17 衬衫袖口以长出西服 1.2 ~ 1.5cm 为宜

百战——你的职场男神养成之路 4

体重自查

试穿以下三种衬衫请根据你的身材和气质做出判断：

A. 宽松款衬衫：

领子（松、紧、合适），衣长（长、短、合适）

认可（1人、2人、3人、4人、5人）

认可理由（遮住肚子，肩合适）

不认可（1人、2人、3人、4人、5人）

不认可理由（显得没有精气神，臃肿，其他）

B. 标准款衬衫：

领子（松、紧、合适），衣长（长、短、合适）

认可（1人、2人、3人、4人、5人）

认可理由（有精气神，肩合适，显得有腰）

不认可（1人、2人、3人、4人、5人）

不认可理由（肚子太紧，显得上身长腿短，其他）

C. 修身款衬衫：

领子（松、紧、合适），衣长（长、短、合适）

认可（1人、2人、3人、4人、5人）

认可理由（人显得修长，肩合适，显体型好）

不认可（1人、2人、3人、4人、5人）

不认可理由（太紧绷，身体一活动就露肉了，与体型不匹配，与脸型不匹配）

扫描封底二维码，上传你的答案，这是评估你的“职场男神”的重要依据哟。

穿衣知文化

衬衫的冷知识

职场衬衫最早可追溯到公元前 16 世纪的古埃及，那时衬衫还是男女通用的内衣，最早是无领无袖的套头式款式。经过一系列的演变，在维多利亚女王时期，英国将已成为外衣重要搭配的高领衬衫改良为立翻领衬衫，至此奠定了现代职场衬衫的基础。19 世纪 40 年代，衬衫传入中国。

五、洗护衬衫

1．衬衫在清洗前要先将领口和袖口部位用衣领净进行浸泡，然后手工清洗。高档衬衫尽量不要机洗。

2．棉质等纯天然纤维类衬衫的脱水时间不要过长，否则容易造成衬衫廓形变形。

3．衬衫洗净后采取挂装晾晒的形式最好，有颜色的衬衫要避免太阳光直晒。

4．衬衫晾干后最好进行熨烫，然后直接挂进衣橱，不要折叠。

5．衬衫如遇特殊污渍，不要轻易使用去污材料，最好送到洗衣店，由专业人士处理。

图 18　正确洗护衬衫很重要

知己——你离职场男神有多远

课前梳理：

1／你有几条西裤？（0条、1条、两条以上）

2／你知道西裤的正确选择标准吗？（知道、不知道）

3／你认为西裤是否该有裤线？（有、没有）

4／冬天时西裤可以套毛裤吗？（可以、不可以）

5／西裤的口袋是否可以装钥匙、钱夹等较厚的物品？（可以、不可以）

扫描封底的二维码，上传你的答案，这是评估你的“职场男神”指数的重要依据哦。

图1 西裤是职场型男的另一标配

知彼——你需要知道的职场男神装备

第二节 职场型男经典“搭档”——男士西裤

西裤是男士职业装的必备服装类型，它除了与西装搭配成套之外，也可以与衬衫搭配穿着，因此堪称职场“黄金搭档”。一款笔挺修长的西裤除了能够完美地搭配西装之外，还能有效调整身高的视觉效果。更重要的是，它会将一个男士优雅的个人生活品质从细节上进行展示，大大提升个人魅力。因此，了解和正确选择，穿着西裤也是型男们的必修内容。

一、图识西裤

西裤的基本结构：

西裤的基本结构比较简单，它的重要作用就是配合衬衫或西装调节着装者身高的视觉效果，通过与腰带、鞋袜的组合，营造一个品位高雅、注重细节的绅士形象。

裤腰头（分为有裤袢式和无裤袢式两种）

前门襟

前裤线

前侧袋（分为斜插式和直插式两种）

裤侧缝（西裤的裤侧缝为单线暗缝，休闲裤的裤侧缝多为明线双缝装饰）

后腰省（有的西裤也有前腰省）

后口袋（西裤的后口袋多为扣袢式，不做口袋盖装饰）

后裤线

裤口（分为翻折式和直筒式两种）

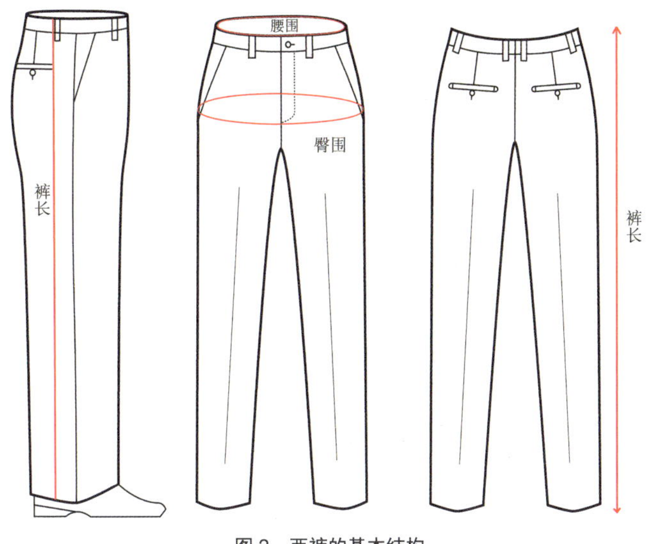

图 2　西裤的基本结构

百战——你的职场男神养成之路 5

将上图中的西裤与你手中的西裤对比，看看有哪些部位不同。

裤腰头（有裤袢式、无裤袢式）

前裤线（有、没有）

前侧袋（斜插式、直插式）

裤侧缝（单线暗缝、明线双缝）

后口袋（有扣、无扣）

后裤线（有、没有）

裤口（翻折式、直筒式）

扫描封底二维码，上传你的答案，这是评估你的“职场男神”指数的重要依据哟。

二、辨识西裤

职场类西裤最常见的款式有两大类：有裤褶式和无裤褶式。有裤褶式西裤一般适合胖体型、凸肚体的男士穿着；无裤褶式则适合身材较为标准的男士穿着，也是传统西裤的标准版型。判断一条西裤是否“合格”的标准就是“合体干练”。下面我们就从几个方面来说明怎样才能达到这个标准。

1 / 西裤的廓形

男士选择西裤时也要与选择西装一样，需要穿在身上进行比较和判断，才能选出适合自己的那条“合格”西裤。合体是一条合格西裤的重要标准。穿着它应该呈现人的基本体态，即

图 3　“合体干练”是选择西裤的重要标准

腰臀部最宽，裤腿笔直顺畅，在臀部、膝盖窝、裤脚处无面料的堆积，裤型从胯部到脚踝处渐渐收小。“喇叭形”“阔腿形”等造型是绝对不能出现在职场类西裤的选择中的。

图 4　西裤廓形过紧的效果

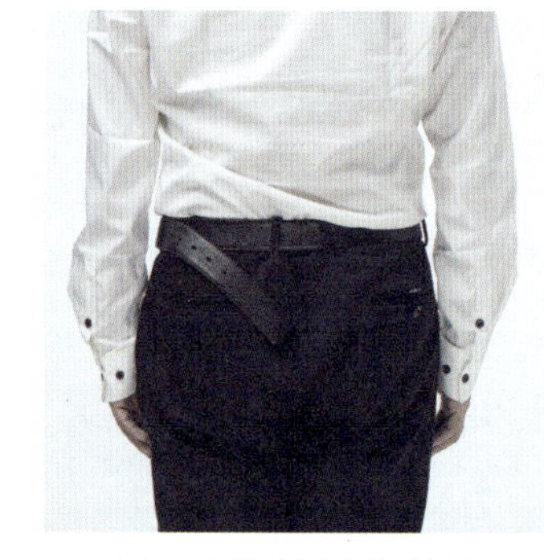

图 5　西裤廓形臃肿的效果

2/ 西裤的裤长

检验西裤的裤长参照标准是在你坐下时，可以露出脚踝和精心搭配的长袜（穿西裤不能搭配短袜）。目前常见的西裤长度有两种类型：露出鞋跟的长度（Full Break）和裤口垂到鞋面的长度（No Break）。

1）露出鞋跟的裤长（Full Break）

这种长度的裤长会盖过鞋面，仅露出鞋跟左右。这时裤口会在鞋面上方形成一个皱褶，长度最佳。如果过长就会出现鞋面堆积褶皱过多和鞋后跟踩踏裤脚的情况。这种裤长适合比较正式隆重的场合穿着，但是对身高较矮或者胖体型男士不建议选择，否则会出现减低身高和增加下体臃肿感的不好效果。

2）裤口垂到鞋面的裤长（No Break）

这种长度是目前比较流行、时尚的裤长，比较适合年轻的男士。这个长度让笔直的西裤直直地垂到鞋面，长度刚好不出现一点褶皱，显得非常精神利落，坐下时会露出部分脚踝。选择这种裤长要注意不可过短，否则会显得休闲而不够正式。同时，搭配的袜子一定得是长袜，这是职场类裤装的重要细节，也是基本的职场社交礼仪之一。选择这种裤长一定得是窄裤口设计，切忌直筒或阔裤口造型。

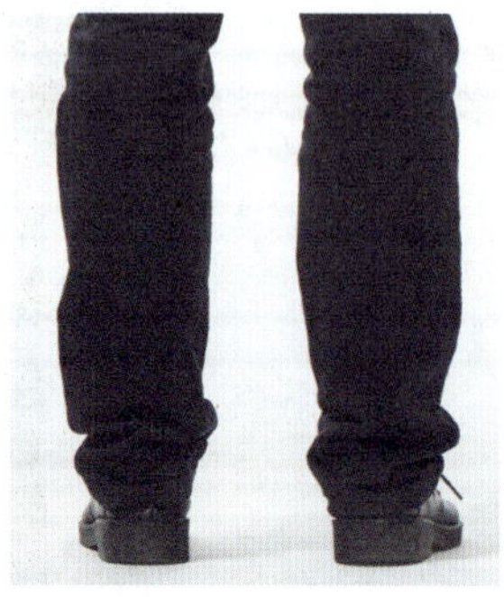

图 6　full break 的裤长效果

图 7　no break 的裤长效果

3/ 西裤的腰头

西裤的腰头重点在有褶无褶的区别：

1）无褶西裤的腰头更加挺括顺畅，增加了穿着者腿部的直线效果，配以笔直的裤线方显男性挺拔修长的体态。这类腰头适合身材标准、无凸肚体的男士选择。

2）有褶西裤的腰头增加了一定的活动度和宽松度，适合凸肚体和胖体型男士穿着，但是也要注意尺寸应符合体型，不可一味追求舒适而忽略了这种腰头可能会出现的面料堆积感。

4/ 西裤的裤口翻边

西裤的裤口分为翻折款和直筒款两种：

1. 一般 No Break 裤长的西裤多配合直筒款裤口。

2. 有褶腰头西裤建议配翻折款，主要作用是通过裤口的“加重”效果拉直有褶西裤的裤线，减少西裤的臃肿感。

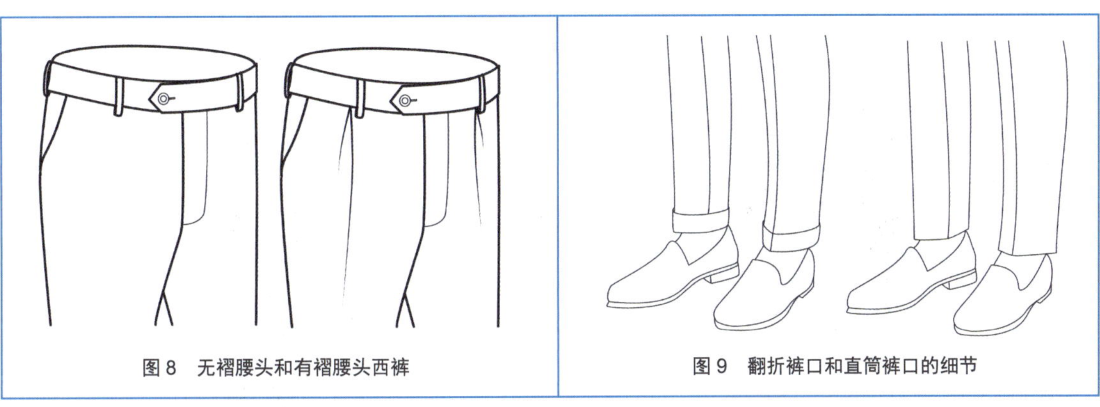

图 8　无褶腰头和有褶腰头西裤

图 9　翻折裤口和直筒裤口的细节

选购 tips：

1. 选择西裤时如果腰身合适，裤长可以根据实际情况进行二次修改。
2. 西裤的裤腰如果有裤袢设计，穿着时一定要扎腰带！

三、西裤的搭配

1/ 西裤与西装的搭配

1）深色西装与浅色西裤搭配

适合：它适合身材健硕或身材矮小的男士选择，可以增加身高的拉长效果。

不适合：胖体型或者下肢过于发达的男士。白色西裤不适合职场类服装。

2）深色西装与深色西裤搭配

适合：体格健硕或胖体型男士。西装与西裤同质同色是最“保险”选择。

图 10　深色系西服西裤搭配效果

不适合：身材清瘦或矮小的男士。

3）灰色西装与浅色西裤搭配

适合：对于身材矮小的男士，这是首选搭配。它可以增加视觉上的扩张感，产生适当的拉长身高的效果，具有较强的时尚感和运动感。

不适合：身材健硕或胖体型男士。

4）灰色西装与深色西裤搭配

适合：大多数男性都可以选择这种搭配，但胖体型者慎选。上浅下深的色彩可以有效营造层次感，同时又不失沉稳大气的着装风格。

不适合：裤子的颜色要尽可能与西装为同一个色系，以避免出现杂乱和视觉色差过大的问题。

图 11　上深下浅式西服西裤搭配效果

图 12　上浅下深式西服西裤搭配效果

2/ 西裤与衬衫的搭配

深色西裤与浅色衬衫搭配（上浅下深型搭配）

适合：这是大多数男士最“保险”的选择。上浅下深的搭配既可以塑造清新干练的形象，还可以通过裤长和腰头的位置适当调整身高比例，并弥补下半身臃肿的感觉。

不适合：这种搭配一定要把衬衫放到西裤里面穿着，切忌放到裤子外面。

西裤与衬衫的搭配还可以选择上浅下浅和上深下浅的形式，但是这对搭配者的身材和能力要求较高，不适合初入职场的男生尝试。

图 13　浅色衬衫搭配深色西裤的效果

百战——你的职场男神养成之路 6

记录一下你的哪几种搭配方案被认可度最高：

1／ 蓝衬衫 + 藏蓝西裤

2／ 蓝衬衫 + 黑色西裤

3／ 白衬衫 + 藏蓝西裤

4／ 白衬衫 + 黑色西裤

5／ 条纹衬衫 + 藏蓝西裤

6／ 条纹衬衫 + 黑色西裤

扫描封底二维码，上传你的答案，这是评估你的“职场男神”指数的重要依据哟。

选购 *tips*：

1. 求职面试时多建议穿着西裤，但是对于户外类、文化艺术类职业的面试，需要求职者更加富有朝气或者时尚感更强一些，这时可以考虑使用衬衫或夹克搭配牛仔裤参加面试。牛仔裤的选择要相对合体，不要有做旧和破洞处理，要遵循干练、整洁的穿着原则。
2. 腰部和臀部合体是西裤的重要标准。
3. 裤长是可以裁剪修正的，因此腰臀合适、无面料堆积或者紧绷效果是选择西裤的重要依据。
4. 裤线笔直、裤侧缝垂直是西裤好坏的重要参照指标。
5. 裤侧兜和后口袋平顺无起伏也很重要。

四、西裤护理

西裤的护理请参照西服的护理进行，同样也要注意不同面料材质的西裤清洗方法完全不同。西裤收藏同样需要挂装。

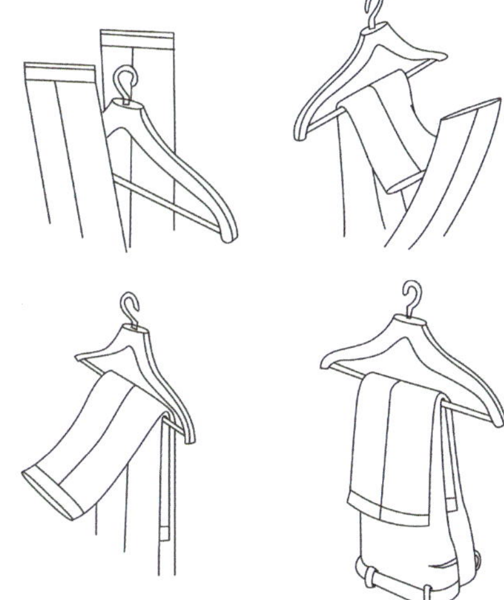

图 14　正确的西裤挂装收藏方法

知己——你离职场男神有多远

课前梳理：

1／你有几套西装套装？（0套、1套、两套以上）

2／你认为西装可以穿出个人特点和风格吗？（可以、不可以）

3／你穿西装时觉得自己帅吗？（帅、不帅）

4／你穿西装觉得行动自如吗？（自如、不自如）

5／你选择西装的途径。（网上、商场、专卖店）

6／你的西装清洗方式。（干洗、湿洗）

7／你会经常熨烫你的西装吗？（穿之前必须熨烫、洗一次熨烫一次、洗完不熨烫）

扫描封底的二维码，上传你的答案，这是评估你的“职场男神”指数的重要依据哦。

知彼——你需要知道的职场男神要素

第三节　职场型男“必杀技”——西装搭配

西装是现代社会中男士职场服装的必备选择，也是社交和仪式等正式场合的首选服装。西装又称“西服”“洋服”，是相对于中式服装而言的起源于欧洲的服装。西装的主要特点是外观挺括、线条流畅、穿着舒适。“西服革履”一词就是形容西装文化带给人的“有教养、有文化、有绅士风度、有权威感”的标签，它是现代男性自信和社会地位的象征。西装的分类丰富，其中两粒扣的西装应用最为广泛。本节就重点讲述两粒扣西装的特点和搭配使用。

图1　西装绝对是职场型男造型的最佳着装选择

一、图识西装

西装的基本结构：

领子（平驳头）

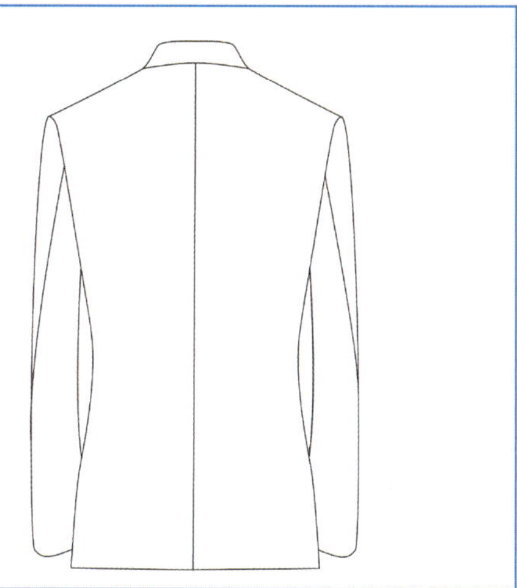

图 2 西装的基本结构（正背图）

礼巾袋

袖子

袖口（有袖头扣装饰）

纽扣（常见的有一粒、两粒、三粒和多粒；也分单排扣和双排扣两种类型）

胸省（用于塑造腰身的基本结构）

口袋（分为有盖和无盖两类）

门襟（分为单排扣门襟和双排扣门襟）

下摆（前摆有圆摆和直摆两类）

后背中缝（起到收腰塑型和装饰的作用）

后开衩（分为单开衩和双开衩两种类型）

百战——你的职场男神养成之路 7

将图中的西装与你手中的西装对比，看看有哪些部位不同。

领子（平驳头、戗驳头、其他）

袖子（肥、瘦）

袖口（有袖头扣装饰 1 粒、两粒、3 粒）

纽扣（单排扣 1 粒、单排扣两粒、单排扣 3 粒、双排扣）

口袋（有盖、无盖）

门襟（单排扣门襟、双排扣门襟）

下摆（前摆圆摆、前摆直摆）

后开衩（单开衩、双开衩）

扫描封底二维码，上传你的答案，这是评估你的“职场男神”指数的重要依据哟。

二、辨识西装

1 / 单排 2 粒扣西装常见款型

职场西装最常见的款式有两大类：单排 2 或 3 粒扣西装和双排扣西装。其中单排 2 粒扣是职场的经典款式，对穿着者的身材要求也不太高，是面试时的首选类型。穿着合适的西装能够最大限度地塑造着装者干练、睿智的形象，当然这需要正确的搭配和使用。下面就围绕着 2 粒扣西装的款式、色彩和面料的基础知识展开说明，帮助大家在了解之后学会选择适合自己的一款西装。

图 3　修身型西服会让穿着者精神焕发

1）宽松型单排 2 粒扣西装

宽松型单排 2 粒扣西装多以美国版式为主，它的基本廓形特点是呈“O”形外观，肩部自然下垂，造型浑圆，衣长适中。这类款型的西服比较适合身材健硕或胖体型者穿着，可以较好地遮盖身体的赘肉；宽阔的肩背部造型增加了身体的直线感，略微收紧的下摆塑造出身体的倒三角形效果，可以弥补胖体型的凸肚体。

2）修身型单排 2 粒扣西装

修身型单排 2 粒扣西装分为英式版型和日式版型。

英式版型修身款西装采用宽肩收腰的方法表现身体的“倒梯形”线条，西装的领子较为狭长，有平驳头和戗驳头两种装饰，后背采取单开衩（中间衩）或者双开衩（骑马衩）两种形式，衣长较长。这类款型适合身材适中的男士选择，此外对自己的身材比较自信的男士可以通过这款西服充分展现健美、干练的男性气质。身材过于矮小或者胖体型不适合这款西装。

日式版型修身款西装的外轮廓的特点是“H”造型。领宽适中，以平驳头为主，后背不开衩，腰身的强调没有那么明显。此类款型适合身材清瘦的男士穿着，健硕体型和胖体型不适合。

图 4　宽松款单排 2 粒扣西装

图 5　英式版型修身款单排 2 粒扣西装

图 6　日式版型修身款单排 2 粒扣西装

2/ 单排 2 粒扣西装的常见领型

单排 2 粒扣西装基本款领型的变化不太多，最常见的就是平驳头和戗驳头两种。

1. 平驳头西装领是职场款西装中最常见的基本造型。它给人一种平和儒雅的视觉效果，适合各个年龄段的男士选择。

2. 戗驳头西装领多用于双排扣或者英式欧版款型中。它给人一种浪漫、充满动感的视觉效果，适合休闲社交场合穿着，也多用于礼服类西装的款式中。

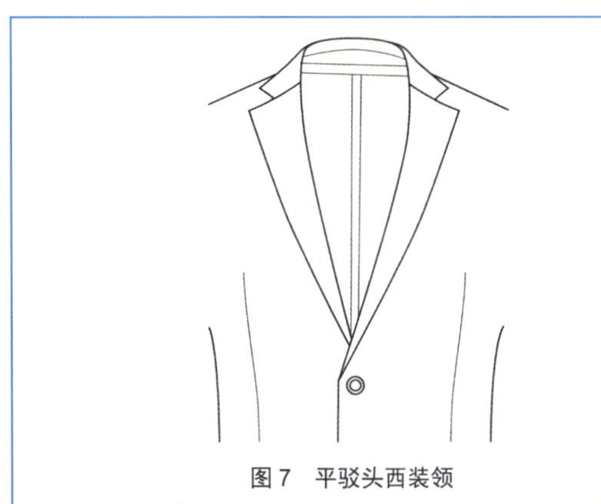

图 7　平驳头西装领

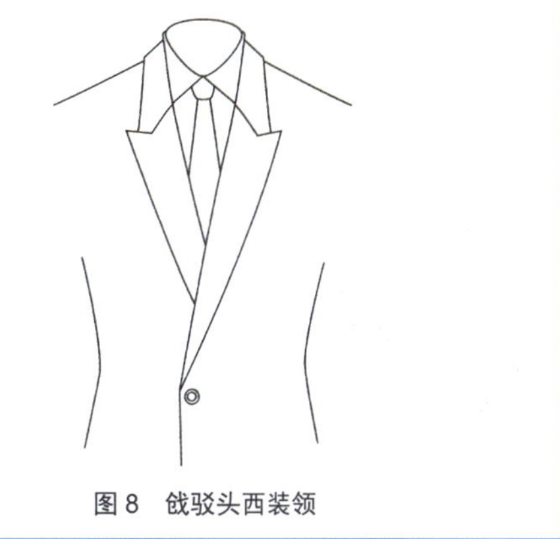

图 8　戗驳头西装领

选购 *tips*：

身材健硕或胖体型男士不适合戗驳头西装，过于复杂的装饰和结构如果接近脸部或者胸背部都会增加臃肿感。

百战——你的职场男神养成之路 8

记录下你穿哪种款式的西装被认可度最高：

A. 修身型平驳头

认可理由（与脸型及体型协调、精致、干练、成熟）

不认可理由（显肚子、没有活力、衣长过长）

B. 修身型戗驳头

认可理由（与脸型及体型协调、有个性、干练）

不认可理由（显肚子、没有活力、显老气）

C. 宽松型平驳头

认可理由（不显肚子、干练、成熟）

不认可理由（臃肿、邋遢、没有活力、老气横秋）

D. 宽松型戗驳头

认可理由（绅士感觉、成熟、稳重、不显肚子）

不认可理由（老气横秋、没有活力、衣长过长）

扫描封底二维码，上传你的答案，这是评估你的“职场男神”指数的重要依据哟。

图 9 时尚感十足的灰色西装

三、西装的色彩

西装发展至今，在款式、色彩和面料上的变化还是很大的。现代西装的色彩从传统的灰、黑、蓝色，已经发展出很多的色彩变化。西装色彩的选择多与穿着的场合紧密相关，例如职场类西装还是保持了传统用色，休闲类西装则将鲜艳的色彩引入其中，而礼服类西装在传统用色的基础上增加了白色、紫色、红色等更具个人魅力的色彩。这里我们将着重讲解职场类西装首选的灰、黑、蓝三种传统用色及其搭配。

1/ 时尚的灰色系西装

灰色在男装色系中本身就是一个非常重要和时尚的用色，它既没有黑色、蓝色的沉闷感，也没有白色的膨胀效果，可以让穿着者拥有一种内敛含蓄又不失变化的风格特征。因此，对于没有什么色彩搭配经验的年轻男士来说，拥有一套灰色系的西装是一种“安全选择”，它还会在一定程度上调节着装者的身高比例，让其显得更高一点。

2/ 沉稳的黑色系西装

黑色西装的庄严感和隆重感更为显著，一般参加重要的职场会议或者社交活动时，黑色西装是首选。黑色同时还有视觉上的收缩效果，因此比较适合健硕身材或胖体型男士，如果是身材矮小的男士则要慎选。

3/ 经典的蓝色系西装

蓝色是介于时尚年轻的灰色和沉稳隆重的黑色之间的一种色系。它既具有大气稳重的成熟气质，也不失优雅的人文特征。尤其是有暗条纹的蓝色西装更具视觉层次感，如果配以优质的面料质地，其时尚浪漫的风格气质会更胜一筹。

四、西装的面料

西装的面料有很多种价位和层面选择。常见的西装面料有棉麻类、化纤合成类、精纺羊毛类、羊毛混纺类等几种。

1/ 棉麻类面料西装

纱线：纯棉或纯麻纤维

肌理：表面粗糙，硬挺度适中，抗皱性差。

效果：舒适度较高，适合春夏装。

2/ 化纤合成类面料西装

纱线：人造合成纤维

图 10 沉稳经典的深蓝色两粒扣西装

肌理：手感较软，不容易出现褶皱。

效果：透气性差，适合春秋装。

3/ 精纺羊毛类面料西装

纱线：100S 羊毛

肌理：细腻柔软，垂感好，抗皱性强。

效果：保暖性好，适合秋冬装。

4/ 羊毛混纺类面料西装

纱线：羊毛与涤纶混纺

肌理：有板硬感，弹性较好，抗皱性强。

效果：舒适度高，适合春秋装。

图 11 做工优良的各种质地的西装

五、西装的搭配

穿着西装一定要与衬衫和西裤匹配，同时还要考虑到着装者的身材和肤色等因素。

1/ 深色西装与深色衬衫搭配

适合：体格健硕或胖体型的男士。西装和衬衫的色彩最好一致，也可以通过衬衫的深浅程度与西装形成一种层次感，改善深色系过于压抑沉闷的感觉。适合浅色系领带。

不适合：身材矮小清瘦的男士。会加强视觉收缩感。

图 12 深色系西服衬衫搭配效果

2/ 深色西装与浅色衬衫搭配

适合：适合大多数身材的男士。尤其是黑白搭配是最常见的形式，它既可以利用深色外衣遮挡体型的不足，还可以利用浅色衬衫营造年轻、时尚的节奏感。适合深色系领带。

不适合：衬衫的颜色不要过于艳丽，最好与外面的西装保持一个色系，只在明暗上进行反差即可。

图 13 外深内浅式西服衬衫搭配效果

3/ 灰色西装与深色衬衫搭配

适合：身材标准或者清瘦型男士。灰色西装不可太浅，与深色衬衫不要反差过大，舒适的明度变化会增加层次感和沉稳感。也可以利用领带的颜色调节服装的层次感。

不适合：胖体型男士。搭配的衬衫色彩也不可过于华丽，尽可能与西装一个色系。

图 14　外浅内深式西装衬衫搭配效果

4/ 灰色西装与浅色衬衫搭配

适合：身材标准或清瘦的男士。浅色衬衫的首选颜色为白色或者浅蓝灰色，这类搭配的时尚感较强，让穿着者显得更加年轻、充满朝气。适合深色系领带。

不适合：胖体型男士。搭配的衬衫颜色不要过于艳丽花哨。

图 15　浅色系西服与衬衫搭配效果

细节 *tips*：

1. 衬衫穿着时要放进裤子里。
2. 衬衫领要比西装领高出 1 ~ 2cm，衬衫袖要比西装袖长出 1 ~ 2cm。
3. 西装和西裤要保持平整，西裤的裤线要烫直挺括。
4. 正式场合要打领带，不打领带时要将衬衫的第一颗扣子解开。

百战——你的职场男神养成之路 9

记录一下你穿哪种颜色的西装被认可度最高？

A. 藏蓝色

B. 灰色

C. 黑色

扫描封底二维码，上传你的答案，这是评估你的“职场男神”指数的重要依据哟。

六、西装的购置

西装的购置最好经过试装后再购买。试装时要关注以下几点：

1. 看肩部：西装的肩部与颈部保持服帖与平行，肩线不要过前或过后；

2. 看衣领：西装的驳头领尖对称，缝制精细，开口的大小和形状保持一致，领外侧的线条顺畅无起伏；

3. 看袖子：肩袖缝合处平顺，弧度饱满无起伏，抬起手臂袖下方无牵拉感，手臂自然下垂时袖子没有出现前甩后拉的情况；

4. 门襟垂直于地面，两侧门襟的长度和下摆的弧度完全一致，缝制无线头和起伏；

5. 看侧面：从侧面看西装与身体的贴合度良好，无前挺后撅的情况，衣服的侧缝垂直于地面；

6. 看做工：西装的缝制针脚细密均匀，无线头，无线结，无毛露情况。

穿衣知文化

西装的冷知识

西装领口与衬衫之间的缝隙越宽，社会地位越低（缝隙达到1英寸宽一定是贫民阶层），理由是贫民阶层根本没有注意外衣的肩部和领口是否贴实的习惯。

——保罗·福塞尔

（摘自《格调》）

听老师讲解

扫描此二维码，了解男士职业形象装扮的基本原则和要点。

七、西装的护理

- 根据“水洗标”清洗：西装的清洗一定要参照服装“水洗标”（西服内里侧所缝的白色小标）的提示进行，对于水洗还是干洗，洗涤剂的选择和温度等都要进行确认。
- 清刷保洁：西服穿过后要及时用刷子进行清刷除尘，将附着在服装表面的灰尘和杂质及时清理；一件西服不要连续穿着多天。
- 挂装收藏：西服换下之后要选择合适的衣架进行挂装收藏，不要暴晒和挤压，以免纤维受损或者产生皱褶。
- 污垢处理：西装的面料一般为毛纤维合成，如遇污垢污染最好先用卫生纸按压吸取污物，然后送到洗衣店进行专业处理，切不可随意清洗。
- 熨烫处理：西装的熨烫要严格按照水洗标的提示进行，选择合适的温度，切不可过高而造成面料发光或烫坏；熨烫时要在服装上垫一块洁净的布料，以免对服装造成损伤。

图 16 将西装送到洗衣店洗护是明智的选择

第三章　男生职场服饰管理

知己——你离职场男神有多远

课前梳理：

1／你有几条领带？（0 条、1 ~ 2 条、3 条以上）

2／你了解如何选择职场领带吗？（了解、不了解）

3／你会几种领带的打法？（0 种、1 种、2 种以上）

4／你知道领带需要正确放置才不会变形吗？（知道、不知道）

5／你知道如何清洁护理领带吗？（知道、不知道）

扫描封底的二维码，上传你的答案，这是评估你的“职场男神”指数的重要依据哦。

知彼——你需要知道的职场男神要素

第一节　职场型男“点睛之笔”——多彩领带

领带最早可以追溯到古罗马时期，那时它是战士的形象代表。而现今作为现代男士最常用的服饰配件，它已经成为职场类社交的必备品。它丰富的色彩和系扎方法成为男士着装中的点睛之笔。一条佩戴在领下胸前的合适的领带可以让一个人的审美品位提升到一定的层面，也同样会从细节中展示着装者的个性。

一、辨识领带

领带的标准长度为 132 ~ 142cm；分为宽窄两个端点，其中宽端的宽度一般为 9 ~ 10cm，窄端为 2 ~ 3cm。

图 1　领带是男士的专属装饰用品

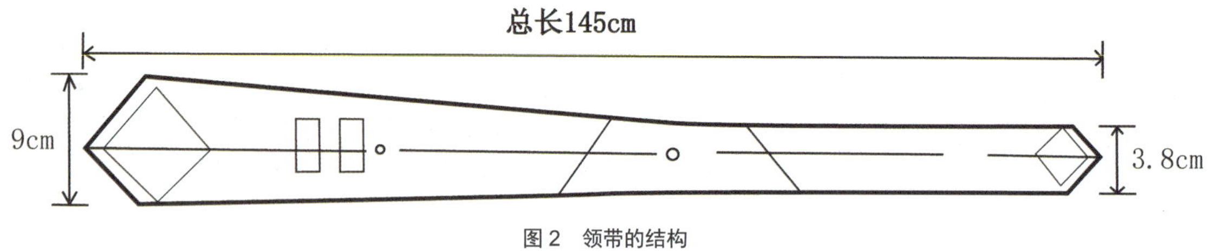

图2 领带的结构

职场行政类领带的长度和宽度多为标准尺寸，系扎后长度以正好在腰带上方为佳。这类领带最好选择丝质面料的，它的柔软度和光泽感都很好。在职场领带的选择中，常见的色彩和图案有单色、条纹、点状纹和几何纹。

1/ 单色领带：职场精英最常规的选择

效果：稳重大方，与西服或衬衫同色的效果更加隆重、沉稳。

搭配方法：与西装同色或者略有区分，在西装和衬衫之间营造一种微妙的层次感。

图3 单色领带

2/ 条纹领带：营造视觉节奏的有效手段

效果：给过于保守沉闷的着装带来一定的节奏和层次感，充满学院气息和儒雅风格。

搭配方法：窄条搭配比宽条更稳重，颈部较短的人适合竖条纹。

图4 条纹领带

3/ 点状纹领带：缓解严肃保守风格的不错选择

效果：相较于条纹图案更加年轻，是吸引视线的有效手段。

搭配方法：与西装或衬衫保持同色系会更加时尚，脸部较大的男士慎选。

图5 点状纹领带

4/ 几何纹领带：时尚达人的必备单品

效果：丰富的图案和色彩搭配体现了穿着者的独特品位，是具有艺术气质男士的不错选择。

搭配方法：搭配同色系西装会增加一定的沉稳感，色彩不可过于花哨。

图6 几何纹领带

穿衣知文化

滑铁卢大学数学系的粉领带

1967 年 7 月 1 日，加拿大滑铁卢大学数学系从艺术系独立出来，创始人是极其热爱数学的 Ralph Stanton 教授。他认为数学就是数学，它不属于艺术也不属于科学。他还非常喜欢领带，尤其是粉色的那种。1968 年，在庆祝数学与计算机大楼正式完工时，为感谢 Stanton 教授对数学系做出的贡献，一只 85 英尺长的巨人版粉领带被挂在大楼外面的墙上。但没多久它就被其他系的“损友”盗走了，之后又有两次被其他系的“损友”盗走。2011 年，一条崭新的巨型粉领带被挂在了新建的 MC 上面。多年来，粉领带已经成为滑铁卢大学数学系力量与凝聚力的象征。数学系的所有人员，无论是教授、职员还是学生，都为粉领带感到骄傲。每年新生周期间，数学系的新生每人都会领到一条粉领带。当然，在大楼里还能看到历届发给新生的各个版本、各种风格的粉领带。

二、领带的基本打法

领带的打结方法非常多，主要是依据领带的长短和厚度来选用不同的打结方法。当然，不同方法打出来的领带结也各具风格。下面介绍几种简单的职场类领带的基本打法。

1/ 平结打法

平结是男士领带打结最常见的方法之一，适合各种材质的领带，打结完成后呈倒斜三角形效果，适合窄领衬衫。

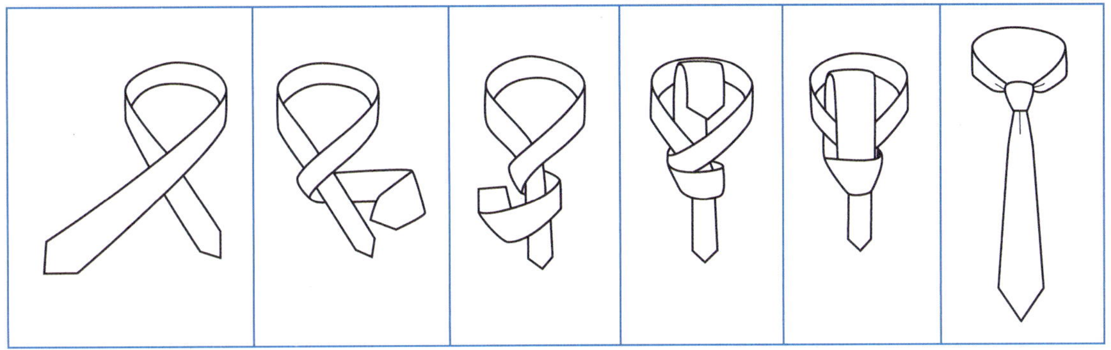

图 7　平结打法示意图

2/ 四手结打法

通过四个步骤就能完成的打结方法被称作“四手结”。它是最为简便易学的方法，适合窄领衬衫。

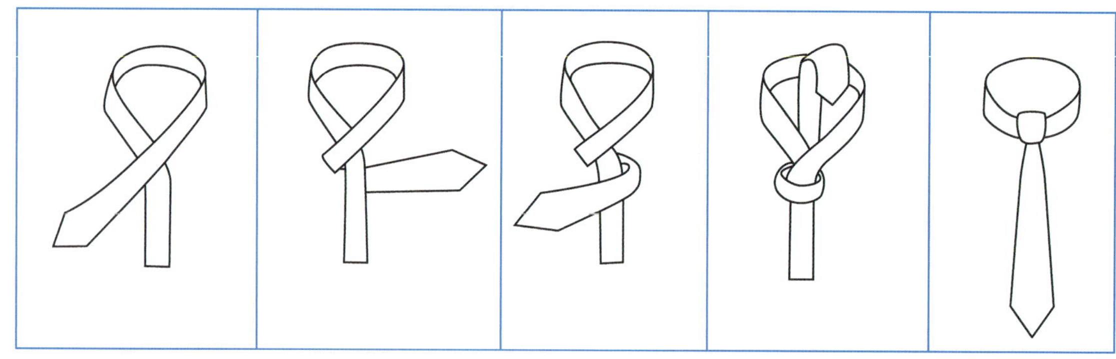

图 8 四手结打法示意图

3/ 简式结打法（马车夫结）

简单易打、适合职场旅行时使用的就是这种打结法。它比较适合厚一点的领带，打结完成后可以调节其长度来达到最佳效果。

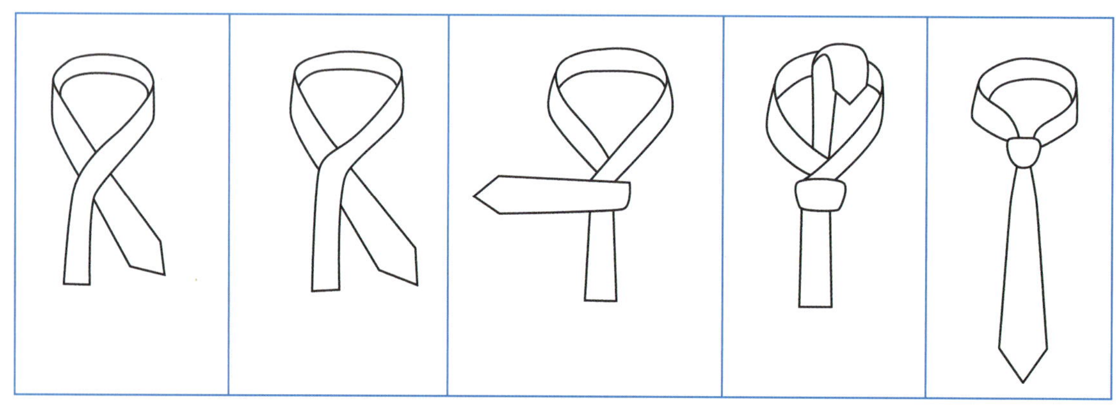

图 9 简式结打法示意图

4/ 温莎结打法

这是一种因温莎公爵而得名的领带结，也是英式传统打法的代表，适合薄型丝质类领带。温莎结完成之后呈倒正三角形造型，领结处饱满挺括，适合宽领衬衫使用。

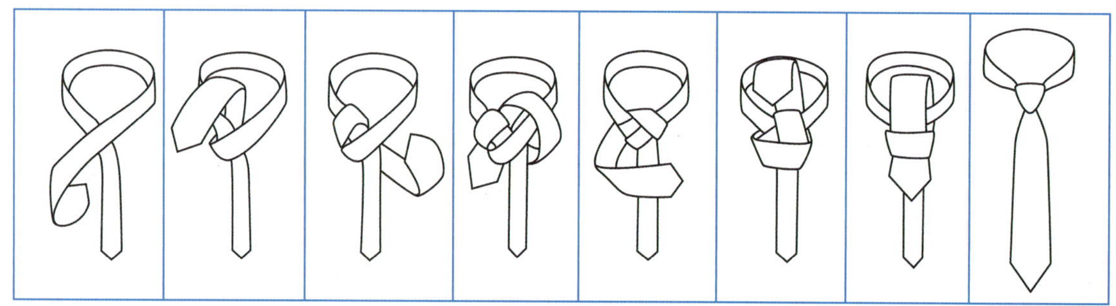

图 10 温莎结打法示意图

除此之外，领带的打结方法还有很多，这里只是介绍了常见、易学的几类适合职场类服装搭配的领带打法。具体的操作还需要你反复练习，在熟练的基础上一定会练就一手高超的领带打结技巧。

选购 *tips*：

1. 购买领带时要结合自己的西服和衬衫进行搭配，才不会出现买了无法使用的情况。
2. 一条做工精致的丝质领带应该是每个男士的必备品之一。
3. 着西服套装必须打领带是基本的职场礼仪。
4. 领带不可太短，太短显出凸肚体，太长过腰带则显得上身长。合适的长度以与腰带衔接为佳。

图 11 穿西装打领带是基本的职场礼仪

三、领带的清洁与保养

1. 每次取下领带之后要解开结，不要以打结的状态存放，否则会造成打结处面料的损伤。

2. 领带如果出现了褶皱，可以使用蒸汽熨斗的蒸汽喷雾进行熨烫，同时在领带上面附上一层垫布，防止熨斗烫坏面料。

3. 领带既可以挂装存放，也可以打成卷存放，这两种方法都可以让轻微的折痕消失。

4. 领带最好干洗，水洗不当很容易造成领带变形。平日可以在领带表面喷少许水，进行毛巾按压的简易保洁，干透后妥善存放，以延长领带的使用寿命。

百战——你的职场男神养成之路 10

寻找尽可能多颜色的领带，尝试搭配白衬衫并练习打结方法。

1／深蓝领带＋白衬衫

2／浅蓝领带＋白衬衫

3／黄色领带＋白衬衫

4／粉红领带＋白衬衫

5／深蓝领带＋蓝衬衫

6／浅蓝领带＋蓝衬衫

7／黄色领带＋蓝衬衫

8／粉红领带＋蓝衬衫

扫描封底二维码，上传你的答案，这是评估你的“职场男神”指数的重要依据哟。

知己——你离职场男神有多远

课前梳理：

1／你有搭配西裤的腰带吗？（有、没有）

2／你了解搭配西裤腰带的选择要求吗？（了解、不了解）

扫描封底二维码，上传你的答案，这是评估你的“职场男神”指数的重要依据哦。

知彼——你需要知道的职场男神要素

第二节 职场型男“隐形绅士”——精致腰带

领带、腰带和手表被视为现代型男的三件必备品，其中腰带更是现代绅士的代言之一。《论语 · 卫灵公》中记载：“子张书诸绅。”（注：以带束腰，垂其余以为饰，谓之绅。）可见腰带对于男士表示身份、传达个人审美观的重要。

一、辨识腰带

大多数腰带都有 5 个孔，商务类较为正式的腰带以又窄又薄的款式为主，宽度在 2.5 ~ 3.5cm。腰带一般由带扣（腰带头）和腰带两部分组成。搭配西装的腰带有严格的规则：腰带头首选金属质地，腰带以平滑的皮革为主。

1／腰带的常见色彩

在商务类服装中，黑色、褐色的深色系和棕色、米色的浅色系腰带最为常见，这也是与常见西装套装中最好搭配的三种色彩。搭配时要结合服

图 1 领带、腰带、手表是职场型男常见的固定搭配

装的颜色和着装者的身材进行选择。深色系腰带是最传统、稳重的选择，它经常与深色西服或衬衫进行搭配，可以营造一种沉稳大气的纯商务气质。如果深色腰带搭配浅色套装，要注意色彩的反差不要太大。

另外，腰带的颜色与西装同色是最保险的选择；也可以利用比西装略浅的色彩营造层次效果，这比较适合胖体型和身材矮小的男士。而深色腰带配浅色套装的效果适合身材高大和清瘦型男士选择，可以有效调节身高比例。

图 2 深色系腰带搭配在职场着装中最常见

2/ 腰带的材质

1）天然皮革：这类腰带品质较高，耐磨度和柔韧度良好。其通过多次鞣制呈现出高雅含蓄的光泽感，是商务类服装搭配的首选。

2）人造革类：这是现代工艺发展的新产品，它保留了皮革的耐磨度和柔韧感，在色彩的设计上也大大扩展，同时配以压花、压纹处理，给腰带赋予了更加丰富的视觉效果，是年轻人的热选类别。

图 3 天然皮革腰带

图 4 人造革腰带

二、选购腰带

1. 商务类腰带一般以皮质或人造革质为最佳，选购时要考虑所搭配的西装外套或衬衫的颜色。

2. 商务类腰带一般要与皮鞋保持一致的颜色和质地。

3. 皮带扣是一个人的身份或个性特征的展现，商务类着装不宜过于花哨、夸张或使用贵重的皮带扣款式。

图 5 商务类腰带是身份和个性的象征

4. 腰带的作用主要是系扎和装饰，不要在腰带上加挂过多的物品。

5. 腰带过松或过紧都会扣减着装者的第一印象，松紧适度为最佳。

三、腰带的保养

1. 对腰带上的污物，可以用牙刷蘸上少许肥皂水进行清理，然后用湿布擦拭即可。不要用清水直接冲洗，那样会减少皮质腰带的使用寿命。

2. 皮质腰带要尽量避免潮湿和接触汗渍。

3. 腰带如果长时间不用，要选择干燥通风的收藏方式，以免出现异味和损坏。

百战——你的职场男神养成之路 11

观察你的腰带：

1／你的腰带头上有闪光装饰吗？（有、没有）

2／你的腰带上有花纹吗？（有、没有）

3／你的腰带是否过长？（长、合适）

扫描封底二维码，上传你的答案，这是评估你的“职场男神”指数的重要依据哟。

知己——你离职场男神有多远

课前梳理：

1／你有正装皮鞋吗？（有、没有）

2／你了解正装皮鞋的选择标准吗？（了解、不了解）

3／面试前你会留意皮鞋上有灰尘污渍吗？（会、不会）

4／你的正装皮鞋有配套的袜子吗？（有、没有）

5／面试坐着时袜子要盖住腿部不露皮肤，对吗？（对、不对）

6／职场男士的袜子可以很花哨、有个性吗？（可以、不可以）

扫描封底二维码，上传你的答案，这是评估你的“职场男神”指数的重要依据哦。

知彼——你需要知道的职场男神要素

第三节 职场型男的“精气神”——鞋袜搭档

作为一名即将走入社会的“职场预备役”，在配备了一套西装以打造职场精英造型的同时，一定不要忽略了它的“黄金搭档”——正装皮鞋。一双搭配得体的皮鞋会让穿着者真正实现“从头到脚”的精彩。

选对了西装的搭档——皮鞋的同时，也要顺便搭配一双“标配”男袜，这是最保险的组合。如果说男鞋是彰显男士独特风度的代表的话，那么相得益彰的男袜则是让你更具男性魅力的完美细节了。以下将针对职场类的男鞋和男袜进行详细介绍和说明，为你完成型男造型提供最后一步帮助。

图 1 职场型男造型的“黄金搭档”——皮鞋

一、职场类男鞋

男鞋的种类繁多，但是真正可以用于职场类社交使用的正式款男鞋并不多。作为职场新人，只要掌握和区分以下三种款式就足以自如面对职场类场合而不会出现错误了。男鞋的款式主要的区分点就在于鞋面、鞋舌和鞋带（鞋带孔）三个部位，其他位置的造型大同小异。

1 / 男鞋分类

1）牛津鞋（Balmoral，也叫作巴莫洛鞋）

它是男正装鞋中最常见的鞋类，一般与西服等正统服装搭配。其基本结构是内耳式三接头造型，即鞋舌和鞋带孔部位连接在一起，鞋面与鞋舌有分割的造型。

2）德比鞋（Derby）

它是男正装鞋中另一种常见的鞋型，与牛津款很像，主要区别是它的鞋面与鞋舌连为一体，鞋带孔覆盖在鞋舌之外。这种款型比起到处都透着浓浓的学院气息的牛津鞋更为舒适和放松一些，是初入职场人士的首选鞋型。

3）孟克鞋（Monk strap）

这种鞋型一般用于非正规的职场场合，它既保持了职场类的严谨大方，又通过别具风格的带扣设计增加了更多的时尚感和年轻风范。它是欧洲最古老的鞋款之一，分为单扣和双扣两种，单扣的更为正式。

图 2 男士牛津鞋

图 3 男士德比鞋

图 4 男士孟克鞋

2 / 职场类男鞋的选购

1）舒适原则

选择皮鞋一定要先了解自己所穿鞋的正确尺码，方可进行选择。一般来讲，鞋内的宽窄以脚面受力时能够完全展开为好，不要过挤；鞋的长短以脚尖不夹不顶、行走时脚不在鞋内滑动为好。

Us	6.0	6.5	7.0	7.5	8.0	8.5	9.0	9.5	10.0
Uk	5.5	6.0	6.5	7.0	7.5	8.0	8.5	9.0	9.5
Eu	38	39	40	40.5	41	42	42.5	43.5	44
Jp	240	245	250	255	260	265	270	275	280
中国（新）	24.0	24.5	25.0	25.5	26.0	26.5	27.0	27.5	28.0
中国（旧）	38	39	40	41	42	43	44	45	46

图 5 男鞋尺码对照表

2）透气原则

在皮鞋中，纯天然皮革的透气性较好，其中猪皮的透气效果最佳，但其美观性和档次不如牛皮。而人造皮革透气性最差，光泽度较强，作为职场类鞋，不建议选择。

3）质量原则

皮鞋的质量取决于皮革的质量。好的皮鞋表面质地平滑细致，没有明显的褶皱和伤痕；用手指按压皮面时会出现均匀细小的纹理，放开手指后细纹随即消失；弹性较好，无厚薄差异。猪皮纹理的颗粒较粗，起伏非常明显，手感硬挺粗糙；牛皮纹理的结构比猪皮要细致很多，手感柔软，富有弹性；羊皮纹理最为细腻柔软，弹性很大，但牢固度比猪皮和牛皮要差一些。

图 6 各种皮革质地的男士皮鞋

选购 *tips*：

1. 黑色牛津鞋是最常规的商务类男装鞋，是男士的必备用鞋内的。
2. 购买皮鞋的时间以下午最为合适，若在上午试鞋，则应留出空余量。
3. 职场类男鞋的颜色主要是黑色和深棕色两类。浅棕色一般用于职场休闲时；闪亮的人造革类皮鞋或漆皮鞋绝对不要出现在职场社交场合。

3/ 职场类男鞋的保养方法

1）皮鞋穿着后要及时上油进行护理；

2）首先要用软布擦拭表面的污垢和灰尘；

3）然后选用与皮鞋同样颜色的鞋油适量涂抹，用软鞋刷均匀涂抹后放置 1 小时左右；

4）使用干净的布条对鞋面进行打光处理；

5）然后在鞋内填充纸制品，确保鞋形不被挤压走样；

6）最后选择透气的纸盒放置皮鞋。

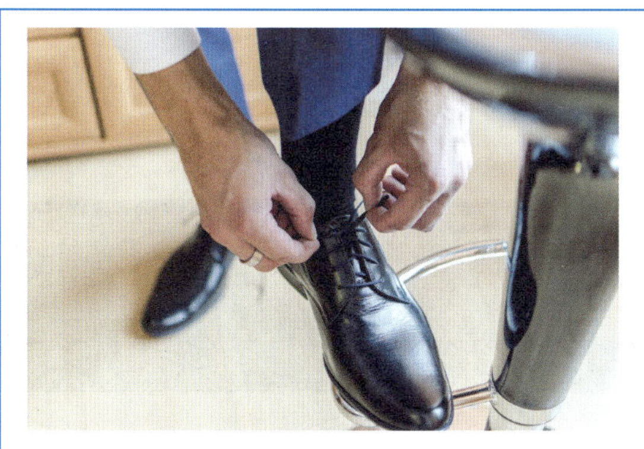

图 7 德比款男鞋是职场中最常见的款式

图 8 皮鞋的养护很重要

保养 *tips*：

1. 不要使用塑料袋收藏皮鞋，一是不利于空气流通散味，二是会对鞋形造成挤压、扭曲、损伤。
2. 皮鞋表面微小的折痕或划痕，可以通过涂抹护手霜的方法进行修复。
3. 皮鞋不要沾水或者使用较湿的棉布擦拭，用潮湿的棉布擦拭污垢灰尘后要及时涂抹鞋油进行护理。

二、职场类男袜

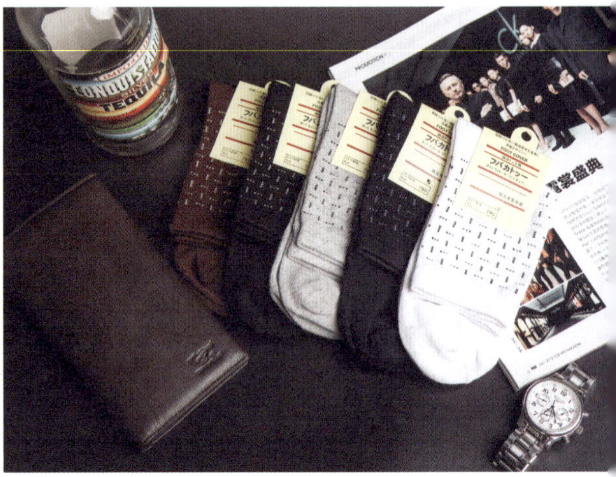

男袜尽管是穿在鞋内而且被长裤遮盖，但是它的选择和搭配却绝对影响着男士的品位。对职场类男袜我们可以从两个方面进行分类和辨识。

1/ 男袜的长度辨识：男袜分为短款、中款和中长款三类。

1）短款男袜：适合休闲场合穿着；穿西服不适合短款，因为在职场类场合露出脚踝是不礼貌的着装。

图 9 各式男袜

2）中款男袜：适合搭配传统西装套服穿着，长度到脚踝上 15cm 左右，最好是搭配裤长较长的款式，以防坐下后露出脚踝。这款男袜相比中长款要舒适一些，受到年轻男士的喜爱。

3）中长款男袜：是职场类西装的最经典搭配，长度大约可到膝盖下 10cm 左右。它既可以避免坐下后露出脚踝的问题，还可以将西裤内的长裤进行束缚固定，增强着装的合体效果。

2/ 男袜面料辨识：常见男袜的面料有棉纤维、棉麻混纺、丝棉混纺和羊毛袜几类。

1）纯棉质地男袜：这类男袜吸湿性强，厚薄适中，穿着的舒适感较好。但要经常清洗，确保无异味。其耐磨度没有棉麻混纺的袜子高。

2）棉麻混纺质地男袜：这类男袜的吸湿、透气性都很好，穿着的干爽感要好于纯棉袜，耐磨度也较高，花色也比较丰富，是职场类男袜的常规选择。

3）丝棉质地男袜：这类男袜手感柔软，光泽度比较好，是职场男袜中的高档品类，通常配以提花暗纹进行装饰。穿着的舒适度很好，但是耐磨度较差。

4）羊毛质地男袜：这类男袜柔软厚实，适合冬季穿着，也属于职场类男袜的高档品，但保养起来比较麻烦，需要干洗。

选购 *tips*：

1. 选择袜子最好根据西服的色彩和皮鞋的色彩进行规划，同色系搭配是最保险的选择原则。
2. 袜子合脚是重要标准，太长会让袜子在鞋内下滑，太短则容易穿破。
3. 职场类皮鞋适合较薄的袜子，棉麻类和丝棉类质地是较好的搭配。

三、鞋袜搭配

职场类鞋袜的搭配原则非常简单：同色原则。

1. 鞋袜同色：顾名思义，这种搭配即皮鞋和袜子为同一个色系，这是职场类搭配中最经典、最保险的选择，也是正规职业场合必需的着装礼仪要求。

2．服袜同色：即要求袜子的颜色与西装同步。袜子的颜色可以与皮鞋有所差异，但是原则上皮鞋的色泽不宜过浅。加上领带的搭配，男士全身以不超过三个色彩系列为最佳。

选购 *tips*：

1. 传统职场服装服饰搭配最保险的形式就是全身上下一种颜色，这适合大多数没有搭配经验、对色彩搭配不熟悉的男士。
2. 职业场合可以适当利用皮鞋的颜色增加着装的层次感。不建议使用袜子进行撞色设计，否则会显得不够庄重。
3. 在职场休闲场合，使用袜子的颜色调节过于严谨呆板的搭配倒是一个不错的方法，但是颜色也不可过于艳丽花哨，在服装或皮鞋的同色系中选择最为保险。
4. 现代型男喜欢的中袜配九分裤的造型对于常规职业社交场合不是正确的选择，但如果你面试的是一个文艺类职业，倒是可以通过这种搭配起到彰显个性的作用。在颜色的搭配上需要穿着者有很好的掌控力。

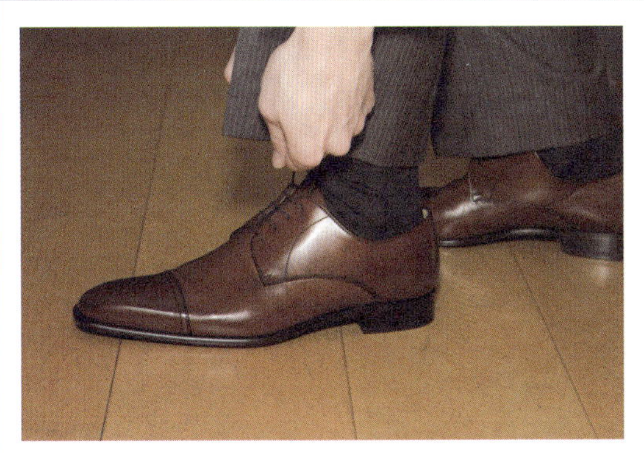

图 10 服袜同色系的搭配效果

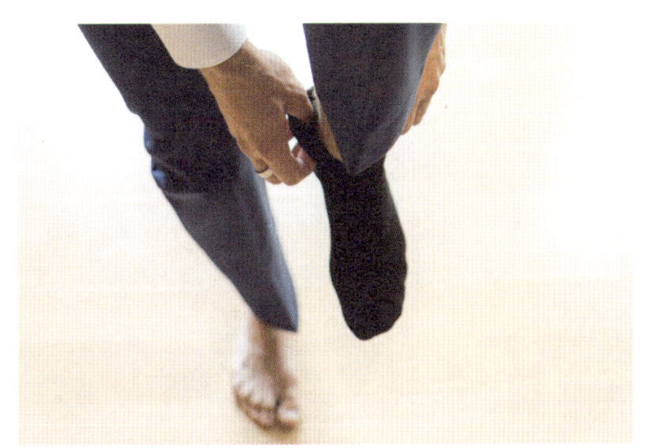

图 11 袜子是否合脚很重要

百战——你的职场男神养成之路 12

观察你现有的皮鞋：

1／你的皮鞋是哪一种？（德比鞋、牛津鞋、孟克鞋、其他）

2／你有几双职场皮鞋？（1 双、2 双、3 双、4 双、更多）

3／你的袜子有哪些面料质地的？（纯棉、棉麻、丝棉、羊毛）

4／你最常穿哪种颜色的男袜？（黑、深灰、墨绿、深棕、深蓝、其他）

5／你的正装皮鞋清污、上油保养的频率是？（每天 1 次、3 天 1 次、1 周 1 次）

6／你的袜子每天都换洗吗？（换、不换）

扫描封底二维码，上传你的答案，这是评估你的“职场男神”指数的重要依据哟。

第二部分　女生篇

第四章　女生职场妆容管理

听“HR说”——了解你不知道的面试细节

《“HR说”面试之职业形象》
（扫描二维码观看微视频）

知己——你离职场女神有多远

1. 课前梳理：

1／你有化妆的习惯吗？（有、没有）

2／你认为化职业淡妆有必要吗？（有必要、没有必要）

3／你了解职业淡妆的标准吗？（了解、了解一点、不了解）

4／你有哪些彩妆工具呢？（口红、粉底、睫毛膏、化妆刷、卸妆水）

2. 扫描封底二维码，上传你的答案，这是评估你的“职场女神”指数的重要依据哦。

知彼——你需要知道的职场女神要素

第一节　打造靓丽“女神”——清新妆容

作为即将踏入职场的大学生，在思想认识上建立“职业”概念比较容易，但是真正开始踏入“职场”就往往会出现问题，尤其是女生的化妆。作为“职场预备役”女性，有的人对化妆的认识有误区，认为“素面朝天”就是自然美。具有这种“本色更有利”的心理，说明她还

图1　职场中的彩妆遵循清新靓丽的基本原则

是以一个学生的状态出现在职场，往往会失去竞争力。还有的人自认为有一些化妆经验，把生活中的一些流行元素视为化妆的基本内容，将职场与生活混为一谈，以过度造型的妆容作为职业形象，同样也会出现很多问题。因此，了解职业淡妆，利用它展现专属于职场女性的可视化职业素质，让美丽成为一种职业能力，是每个初入职场女性的必修课。

以下内容就是我们针对"职场新新人"这个特定的人群所量身打造的专题项目——职业淡妆训练。

职业淡妆

职业淡妆，顾名思义是职场女性在特定的工作或职业社交场合所呈现的得体妆容的总称。它强调工作时间、工作环境和职场社交这些必备因素，因此对于置身其中的人员的造型也有着区别于生活化、休闲化和娱乐化的风格要求。职场女性对自身形象所要求的标准有很多的修饰词，例如干练、大方、端庄、典雅、简洁、自信，等等。由此可见，职业淡妆的风格取向可以概括为清新、整洁、靓丽，以达到"悦人悦己"的双重效果。

下面我们就从职业淡妆的重点部位、化妆技巧和相关用品三个角度，以简单易懂的形式带领大家边学习边实践。

一、了解你的肤质

在打造个人职场妆容之前有一件很重要的事情，就是要充分了解你的肤质类型，再来选择适合的化妆品以及保养方法，这样才会达到悦人悦己的效果。下面我们就来说说女生的肤质有哪些。

女生的肤质一般分为以下四种类型。

图 2　职场的年轻女性以清爽的淡妆为最佳选择

1/ 干性肤质

肤质比较白皙细腻，毛孔不明显，油脂分泌较少。这类皮肤容易干燥和产生细小的皱纹，比较敏感，容易起红斑。分为干性缺水型和干性缺油型。

护肤 tips：

1）可选用含甘油的香皂来洁面。
2）适合使用补水类乳液滋润皮肤，涂足营养霜。
3）眼部要使用眼霜进行保养。
4）晚霜要使用含有滋润、营养成分的产品。

2/ 中性肤质

最健康和理想的皮肤。细腻光滑，富有弹性，不长痘痘，不出油。

护肤 tips：

1）日常保养以保湿为主。
2）跟随季节变化做好防晒和皮肤营养。
3）避免过多地使用化妆品和彩妆。

3/ 油性肤质

皮肤的油脂分泌比较旺盛，尤其在额头、鼻翼处会有油光；毛孔粗大，肤质不光滑，爱长痘痘。但是这类肤质弹性较好，不易出现皱纹。

护肤 tips：

1）可选用清洁能力强的洁面产品，使用温水洁面。
2）洗脸后适量使用酒精型的爽肤水，让面部清爽不油腻。
3）使用补水性强的营养霜平衡肤质。
4）卸妆一定要彻底，否则残妆会堵塞毛孔，容易长痘。
5）不要频繁使用吸油纸，每天2～3张即可。

4/ 混合性肤质

肤质兼具干性和油性两种特点，一般在面部的 T 字区多为油性，其余部位呈现干性。有的时候鼻翼两侧油油的，但是嘴角两边却起浮皮。

护肤 tips：

1）洁面时对出油区域可以多次清洗。
2）对于干燥的部位要使用补水、润肤效果好的乳液和营养霜。
3）使用补水性强的营养霜来平衡肤质。
4）白天要做好隔离防晒保护。

除了以上分类之外，还有一种皮肤也常常被提及，就是所谓“敏感性皮肤”。它是一种特殊的肤质，但不是过敏的皮肤。主要是因为皮肤比较脆弱，对外界的刺激比较敏感，容易产生泛红、发热、发痒或者红肿皮疹的现象。保湿能力差，皮肤紧绷。这类皮肤要尽可能少使用化妆品，少去角质，多保湿。

图 3　面部护理

二、认识粉底

“粉底”可以说是每一个初入职场的女生的必备神器之一。它携带方便、功能强大，是打造最佳职业淡妆的首要用品。它的主要作用就是细腻皮肤，统一肤色，遮盖瑕疵，为后面塑造五官提供一个精致的面部基础。市场上的粉底类型很多，功能各不相同，常见的有以下几种。

1/ 粉底液

也就是液体粉底。它比粉底霜的控油效果好，也是上妆前的第一步，可以将彩妆与皮肤进行隔离，也可以对皮肤起到调色和柔润的作用。

2/BB 霜

它的主要作用就是遮瑕、调肤色，有的也有防晒的功能。从本质上说，它就是一款彩妆产品，质地更加细滑，适合打造自然清新的裸妆。

3/ 隔离霜

它是女生在打粉底化妆前的重要护肤用品，可以隔离部分紫外线、脏空气，并起到彩妆的作用。隔离霜既具备防晒功能，还有抗氧化和美白的成分，常见颜色有粉色、紫色、绿色、白色等。紫色适合偏黄的皮肤使用，绿色的改善肤色的功效比较好。

4/ 粉饼

压制成饼状的固体美容品，具有遮瑕、调色和修饰的功能，分为干湿两用型。在化妆之后也可以起到定妆、补妆的作用。它小巧精美，便于携带使用。

图 4　常见粉饼

5/ 散粉

又称“蜜粉”或“定妆粉”。它对于减少面部的油光很有效，多用于彩妆的最后一步，令妆容更加柔和、持久。

百战——你的职场女神养成之路 1

1/ 你能根据肤质或肤色选择合适的粉底吗？（能、不能）

2/ 你选择的粉底颜色在涂抹面部后，与脖子的肤色有没有色差？（有、没有）

扫描封底二维码，上传答案，这是评估你“职场女神”指数的重要依据哟。

三、眉眼化妆技巧

“眉清目秀”是中国人形容女性眉眼姿容的常用词汇。清晰俊秀的眉眼可以起到提神醒目、展现气质的作用，正确的眉眼妆容塑造方法可以让你的五官变得更加立体、生动。对于职业女性来说，眉眼的化妆原则就是清新、淡雅，浓妆艳抹是不适合的。

眉毛刻画的重要作用在于配合脸型起到平衡面部比例、调节视觉效果的作用。标准、优雅的眉形包括眉头、眉峰、眉尾三个部分。常见的眉形有柳叶眉、拱形眉、上挑眉和平直眉。

图 5　眉眼的刻画在彩妆中非常重要

1/ 柳叶眉

又叫“标准眉形”。这种眉形自然大方，适合绝大多数东方人的脸型，是职业淡妆中常见的眉形。

图 6　柳叶眉

2/ 拱形眉

又叫“欧式眉”。这种眉形高低起伏较大，眉峰拱起，上提感很强，可以适当地拉长脸型，适合短脸型或“由”字脸。这种眉形的夸张感较强，在比较严谨的场合要慎用。

图 7　拱形眉

3/ 上扬眉

这种眉形的后半部分有向上的倾斜角度，上挑拉长，但是眉峰的弧度不大，给人以俊俏、潇洒的感觉，比较适合圆脸型的女生选择。

图 8　上扬眉

4/ 平直眉

又叫“一字眉”。这种眉形平直、短粗一些，整条眉毛基本呈水平角度，横向的扩张感很强，给人以可爱、淳朴的感觉，比较适合长脸型或额头较窄的女生。

图 9　平直眉

听老师讲解

扫描此二维码，可观看眉妆完整步骤和效果的视频。

四、眼睛与化妆

眼睛一直都被认为是“心灵的窗户”，可见，一个人的眼睛的造型效果对于整个妆面都起着至关重要的作用。我们常见的眼睛外形有单眼皮、双眼皮和内双眼皮。下面就从眼部化妆的几个技巧入手，带领大家学习打造一双美目，使其“明眸善目”。

1 / 眼线的化妆方法

在职业妆容中，眼线的作用非常重要，它可以突出漂亮的眼型，打造一个干练、清新的白领形象。一般刻画眼线使用的工具有眼线笔和眼线液。眼线笔适合初学者使用，操作方便且便于携带；眼线液与眼影的搭配效果明显，但是描画要熟练才能收到好的效果。

1）上扬眼线画法

适合眼型：丹凤眼、杏仁眼

适合脸型：长圆脸型

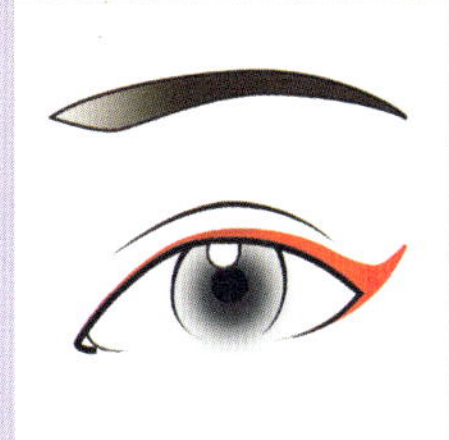

图 10

2）下垂眼线画法

适合眼型：圆眼型

适合脸型：圆脸型、长圆脸型

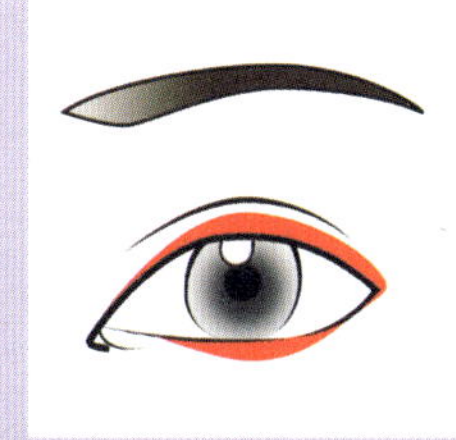

图 11

3）长眼线画法

适合眼型：细长眼型

适合脸型：V 脸型、长圆脸型

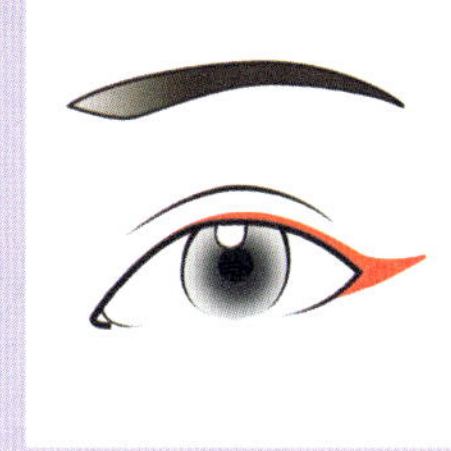

图 12

4）圆眼线画法

适合眼型：圆眼型

适合脸型：圆脸型

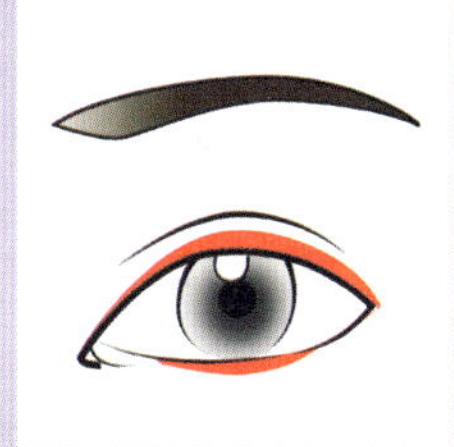

图 13

5）外眼角眼线画法

适合眼型：眼距较近的眼型

适合脸型：任何脸型

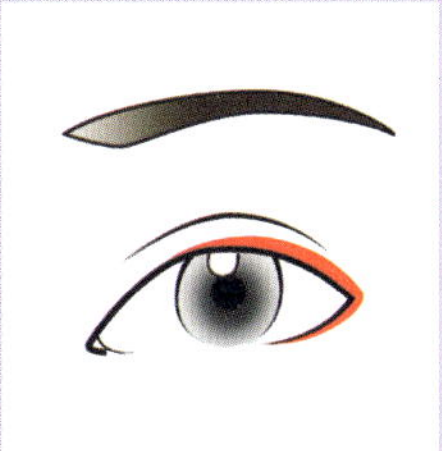

图 14

6）内眼角眼线画法

适合眼型：眼距较远的眼型

适合脸型：任何脸型

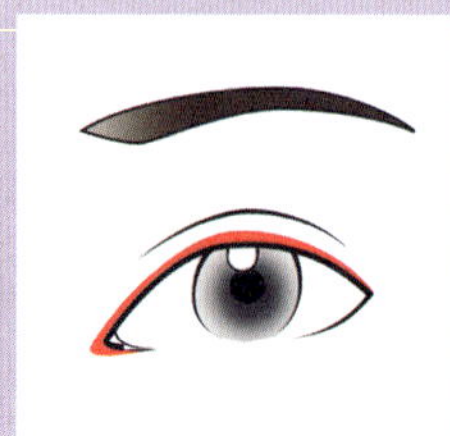

图 15

小技巧 tips：

1. 单眼皮女生画眼线要靠近睫毛根部进行细化。
2. 双眼皮女生画眼线要顺着睫毛根部随着眼形进行描画，线条不要太粗。
3. 内双眼皮画眼线要靠近睫毛根部开始，前半段细、后半段略粗的方法比较适合；或者不画眼线，只涂睫毛膏。

2/ 眼影的化妆方法

职业妆容中适当地使用眼影可以让人显得有精气神、有气质，但也不能过于花哨和夸张，日常用于休闲和娱乐的眼妆色彩和技巧是不适用的。在职业场合常见的眼影类型主要是平涂法和渐层法。

1）平涂法：单色眼影均匀涂抹于眼睑上；

色彩：浅色系眼影；

效果：增加神采，减龄效果明显。

2）渐层法：不同深浅的眼影从睫毛根部开始，由深至浅地向上眼睑平涂；

色彩：同一色系的 3 ～ 5 种颜色眼影；

效果：增加眼部的立体感，塑造干练成熟形象。

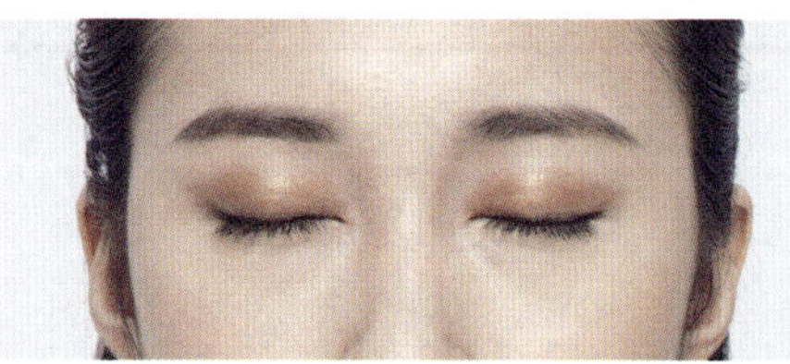

图 16　平涂式眼影——拍摄

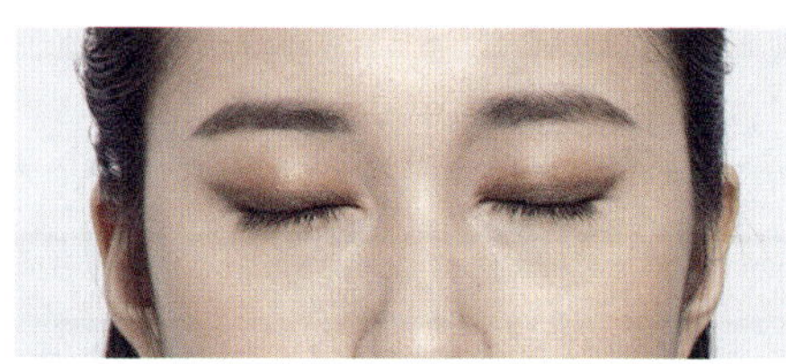

图 17　渐层式眼影——拍摄

护肤 tips：

1. 职业淡妆的眼影多选择浅色系眼影。
2. 米粉色系眼影比较容易打造年轻、朝气的妆容。
3. 大地色系的三色渐变眼影妆在职场淡妆中使用最多。

3/ 睫毛的化妆方法

画完了眼线，涂完眼影后，眼部最后一道重要工序就是涂睫毛膏。睫毛膏的作用重在对眼部层次的营造，还可以进一步增加眼睛的神采，对于那些画眼线、涂眼影有一定难度的女生来说，借助方便好使的睫毛膏，一样可以起到明目点睛的作用。

涂睫毛膏的步骤

1）使用睫毛夹将睫毛轻轻夹起，让睫毛变得上翘。

图 18　涂睫毛膏的正确方法

2）使用睫毛膏从睫毛根部向睫毛尖端轻轻涂刷。

3）如果感觉不够浓，等第一遍涂抹晾干后再涂一遍效果会更好。

4）使用小梳子将沾到一起的睫毛轻轻梳开，并将多余的睫毛膏去除，工序完毕。

听老师讲解

扫描此二维码，可看到眼部化妆的完整过程和效果。

五、腮红化妆技巧

腮红在化妆中的作用是让面色变得更加健康红润，同时塑造面部的立体轮廓。其妆点的主要位置是颧骨。

1/ 腮红与脸型

1）小圆脸：涂腮红可以选择横向式，即从耳朵上部头发处开始至鼻翼，斜向刷出，增加面部的立体效果。

2）长脸型：涂腮红重点可以放在中心区域，用打圈的形式刷出圆形腮红效果。

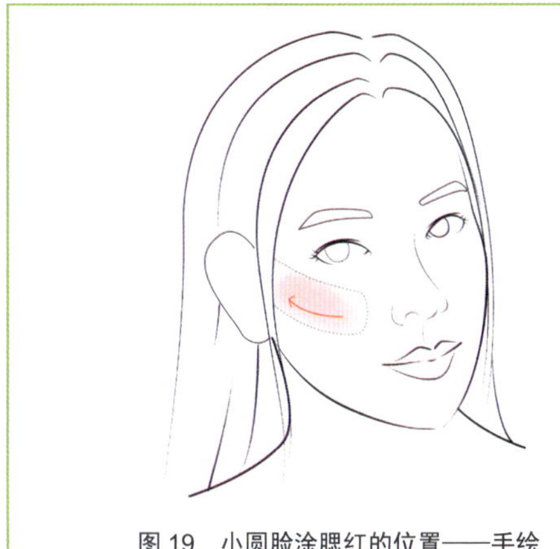

图 19　小圆脸涂腮红的位置——手绘

图 20　长脸型涂腮红的位置——手绘

2/ 腮红的分类

1）膏状腮红：这种腮红保持时间较长，需要跟粉底结合使用，选择适合肤色的颜色，不要过艳，涂抹要注意过渡自然。

2）粉状腮红：这种腮红粉质细腻，色彩柔和，使用腮红刷蘸取适量腮红，轻轻刷于皮肤上即可。

听老师讲解

扫描此二维码，可看到腮红化妆步骤和效果。

小技巧 tips：

- 腮红的颜色最好与唇色保持一个色系。
- 腮红的作用就是提亮气色，切不可过浓过艳。
- 技巧娴熟的女生可以利用腮红调整脸型或者瘦脸，但是初学者能达到改变气色的效果即可。

六、唇妆

一款适合自己的口红也是职场女性必备的化妆品之一。唇妆同腮红的作用近似，都可以提升一个人的健康气色，更可以修正不完美的唇形，体现不同的个性。在职业场合的唇妆更倾向于柔和、清爽，过于浓艳的色彩不适合。

图 21 口红的色彩适合自己非常重要

1/ 唇形的修饰

1）薄唇：先用唇线笔对嘴唇的轮廓进行扩展，增加上下唇峰的厚度，然后涂上唇膏。之后，还可以加涂一层唇彩，让光泽度扩展唇形的厚度。暖色系唇彩有扩展的效果，但要结合肤色和服色进行选择。

2）厚唇：可以先用遮瑕产品将唇边线遮盖一些，然后用接近唇色的唇线笔画在原有唇线轮廓以内，涂抹唇膏从中间开始，嘴角不要过艳、过亮。

2/ 唇妆用品

1）锻光口红：含油脂较高的口红类别，涂抹后光亮透明，容易擦拭，有很好的滋润保湿效果。

图 22 锻光口红

2）哑光口红：这类口红颜色最浓，没有光泽，但是保持时间较长。因为不含滋润成分，所以薄唇和唇纹较多的女生不适合。

图 23 哑光口红

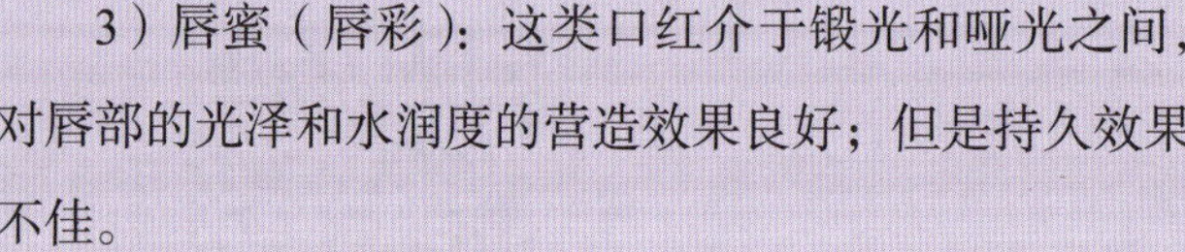

3）唇蜜（唇彩）：这类口红介于锻光和哑光之间，对唇部的光泽和水润度的营造效果良好；但是持久效果不佳。

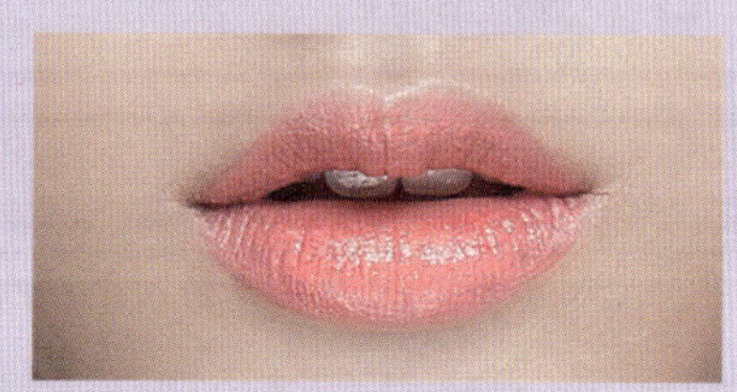

图 24 唇蜜

养护 tips：

- 唇部脱皮不要用手撕扯，可以用热毛巾敷过之后，用棉签卷去表面的死皮，涂一层润唇膏，再做一次去死皮处理，然后涂润唇膏进行养护。
- 要想保持纯色持久，可以先涂润唇膏后涂口红，然后用纸巾蘸掉第一遍颜色，再涂一遍口红，再用纸巾轻轻按压，除去浮色后涂唇彩即可。
- 裸色、裸粉色、珊瑚红、珊瑚金、洋红、浅橘色适合大多数的肤色，也适合大多数的职业场合。

图 25　女性化妆常备用品

听老师讲解

扫描此二维码，可看到唇妆化妆步骤和效果。

百战——你的职场女神养成之路 2

1／尝试过一段时间的练习，你掌握了职业淡妆的基本技术了吗？（掌握、没掌握）

2／你每次化妆后都能正确、认真地卸妆吗？（能、不能）

3／你是否准备了冷、暖、棕红类唇色三支口红，以便搭配你的冷、暖色职业套装？（有、没有）

扫描封底二维码，上传你的答案，这是评估你“职场女神”指数的重要依据哟。

知己——你离职场女神有多远

课前梳理：

1／你认为你现在的发型符合职场的要求吗？（符合、不符合、不知道）

2／你了解自己的发质吗？（了解、不了解）

3／你每周洗发的频率是几次？（每天、2 天、3 天以上）

4／你是根据自己的发质选择洗发水吗？（会、不会、不知道）

5／你有自己相对固定的理发师吗？（有、没有）

扫描封底二维码，上传你的答案，这是评估你的“职场女神”指数的重要依据哦。

知彼——你要知道的职场女神要素

第二节 塑造“女神”新形象——精致发型

发型在妆容造型领域一直是一个重要环节，通过对发色、发型轮廓的修饰，可以对脸型、年龄、气质等方面进行修正，是女生塑造职业形象的最有效途径之一。当然，这需要很高的技巧和方法。这里主要从发型与脸型的角度给大家进行一些提示，引导大家了解适合自己的发型，而打理方法还是建议由专业人士进行操作。

女生的发型相对于男生来说那可是“千变万化”，这主要因为女生自身的发量较多，便于造型变化。同时，女生的妆容变化也很多，需要搭配的发型就自然而然地丰富多彩起来。但是，针对职场里的女生来说，发型跟妆容一样，还是有一些约定俗成的标准和要求，基本原则就是清爽整洁，适度修饰。

一、女生职场常见发型与脸型搭配

初入职场的女生在发型造型上，需要进行认真观察、学习和反复实践，才能找到最适合自己的“那一款”。这里介绍几种比较容易打理又适合职业场合的发型，供大家选择和练习。同时希望大家要注意，发型的选择要在自己的脸型、发量、发质的基础上进行正确选择，不能盲目选择。

图 1 整洁清爽是女生职场发型的重要原则

1/ 直发

直发对于初入职场的女生来说是最简单也不会出错的发型，也是适合东方人发质的常见发型。

圆脸与直发：圆脸女生选择直发是一个不错的修正圆脸、摆脱稚气的方法。可以利用偏分的中长直发遮盖过圆的脸颊和下颌，营造直线条的脸型。但是要注意头发不可紧贴头皮，在发顶将头发处理蓬松一些，来制造上提和扩展的效果，让直发变得具有亲和力。

长脸与直发：长脸女生选择长发要结合刘海一起打理，让刘海的遮盖效果调节脸型的长短，同时靠近脸部的头发可以进行曲线处理，利用层次或者卷曲效果打破长脸过于硬朗的轮廓。

尖脸与直发：尖脸型女生的直发造型要在齐肩发梢部位做调整，略微外翘的效果可以减弱过尖的下巴的距离感，在调节视觉扩张感的同时，还可以营造俏皮亲和的感觉。

图 2 女生直发造型

2/ 马尾辫

这种是女生最熟悉也最容易打理的发型，它可以让女生在职场上显得活力十足、朝气蓬勃。

圆脸与马尾：圆脸女生非常适合马尾辫，它可以起到让脸庞轮廓变清晰的效果，但要注意马尾不要扎得过紧，要在发顶将头发打理蓬松，并在额头散落几缕刘海，来打破圆圆的线条，增加清新甜美的感觉。

长脸与马尾：长脸女生梳马尾辫，就要利用刘海来遮盖一下额头，来调节脸长的效果；但是“国”字脸的长脸女生不适合梳马尾辫，它会让过于硬朗的脸型暴露无遗。

图 3 女生马尾辫造型

图 4　女生卷发造型

图 5　女生盘发造型

尖脸与马尾：小尖脸型女生扎马尾辫要选择无刘海的马尾，让光洁的额头清爽地展现出来，可以适当拉长脸型，同时营造清爽干练的形象。

3/ 卷发

这里所说的卷发不是大波浪的长卷发，而是适合职场的中短长度的卷曲发型。过于慵懒蓬松的日常卷发造型不利于塑造干练、清爽的职场形象。

圆脸与卷发：圆脸女生选择卷发一定要注意长度不要超过下颌部分，头顶蓬松卷曲的分层卷发会减弱脸上肉肉的感觉，并起到将视线上提的效果，同时额头的刘海也不要太多，薄薄的几缕发丝就足够塑造成熟、甜美的效果了。

长脸与卷发：长脸女生选择长发也不宜过肩，在耳朵附近打理出卷曲蓬松的效果，将视线横向拉开，利用蓬松的发量和卷曲的发丝可以减弱脸部长线条的下垂感。“国”字脸的女生可以将卷发的末端向内卷曲，用遮盖的方法将硬朗的下颌线条打破。

尖脸与卷发：尖脸女生下颌处往往过窄，因此选择贴近脸庞、充满层次的齐肩卷发是比较合适的。发冠处不要过于高和蓬松，而从颧骨开始的有层次的卷曲发丝会增加柔和丰盈的效果。

4/ 盘发

这里介绍的盘发不是传统的类似“空姐”的严谨造型，而是适合女生的、轻松活泼风格的“丸子头”。

圆脸与盘发：圆脸女生选择“丸子头”要注意头顶两侧要束扎整齐，在发顶进行蓬松处理后，将盘发发髻高高扎起，也可以往旁边略微歪一下，既打破圆圆脸的弧线感，薄薄的刘海发丝也可以减弱脸部肉肉的感觉。

长脸与盘发：长脸女生选择盘发要慎重，尤其是传统、干净的空姐发式尤不适合。如果要盘发也要有效利用刘海的遮盖将脸型进行长度修正，发顶也不要束得太紧，要蓬松一些，以减弱脸部过硬的线条。

尖脸与盘发：尖脸女生也尽量不选择盘发造型，它会让尖尖的下巴暴露无遗，而脸侧留有卷发进行遮挡的盘发又显得比较随意，也不太适合职场女生的造型。如果束发，要让发顶尽量整洁，发髻拉高。将发际线后的头发做提高造型也是一个不错的调节手段。

二、发型日常打理

1/ 洗发护理

洗发最重要的就是选择适合的洗发水，要根据头发的干性和油性特征进行选择。干性发质适合滋润保湿型洗发水，洗发的频率也不宜过多，尤其是在冬季；油性发质适合使用控油保湿类洗发水，要经常洗发，尤其头皮要进行清洗和控油。职场中保持头发的干净清爽是重要的礼仪标准。

2/ 修剪造型

职场女生的中短发型，尤其是短发，定期修剪非常重要。保持发型的轮廓清爽，除了自己日常的精心打理之外，借助专业人士之手也是非常明智的选择；卷发女生在洗发之后也要进行适当的定型和造型处理，要避免蓬松无序、满头乱发的效果。

3/ 生活规律

女生发质的好坏除了日常的洗护打理之外，生活规律、合理饮食也是非常重要的保养环节。多吃富含蛋白质和维生素 A、B 的食物有利于头发的保养，这类食物包括核桃、芝麻、胡萝卜、大枣等。同时，作息时间正常，不熬夜，不暴晒头发，尽量少染发都是重要的保养手段。

利落的直发、清爽的马尾、甜美的卷发、优雅的盘发，这些职场常见发型都是女生喜爱的造型，关键是在选择前要充分了解自己的脸型、所处的场合和预期的效果需求，因为选择正确才是塑造完美造型的重要基础。当然，打理技巧的提高也需要一个日积月累实践的过程。

图 6 选择适合自己的发型才能打造出最美的效果

百战——你的职场女神养成之路 3

1／每天花在发型练习上的时间是多少？（20 分钟、30 分钟、50 分钟以上）

2／你愿意在上班前花多长时间用于发型打理？（10 分钟、20 分钟、30 分钟以上）

扫描封底二维码，上传你的答案，这是评估你“职场女神”指数的重要依据哟。

第五章 女生职场服装管理

知己——你离职场女神有多远

课前梳理：

1／你有几套职业服装？（没有、1～2套、3套以上）

2／你认为职业服装可以穿出个人特点和风格吗？（可以、不可以）

3／你选购职业服装的途径是什么？（网上、商场、专卖店）

4／你的职业装清洗方式是什么？（干洗、湿洗）

5／你会经常熨烫自己的职业装吗？（穿之前必须熨烫、洗一次熨烫一次、洗完不熨烫）

6／你有几件职场衬衫？（没有、1～2件、3件以上）

7／你认为职场衬衫上有污渍还能穿吗？（能、不能）

扫描封底二维码，上传你的答案，这是评估你的“职场女神”指数的重要依据哦。

知彼——你要知道的职场女神素养

打造完美职场“女神”——服装搭配

“环肥燕瘦”是对女生各种体型耳熟能详的赞美，现代社会对人的外在形象越来越重视，从面部的化妆到体型的塑造都是不能忽略的环节。但不是每一个女生天生都是完美的“女神”，如何通过服装搭配让自己一步步接近“女神”标准呢？这是可以后天习得的。本章的主旨是帮助初入职场的女生们以适合的职业形象走好职场第一步，因此将紧密围绕职场的着装特点和要求，结合不同的体型特征，力求以有效、适合、简单易学的搭配方法和服装造型案例，带领女生在知己知彼的前提下，懂得原理，运用技巧，完成自我提升和塑造。

一、女生体型

服装产生时只是御寒、防护的必备物品，发展到今天，其含义和价值已今非昔比了。在现代社会，服装更是被作为一种“非语言信息”，成为每一个人在社会角色中的重要代言。而随着社会工作生活的细分和发达，服装在各种场合的符号意义也丰富繁杂起来，但是有一个基本原则是一直未变的，那就是凸显着装者的个性和审美。因此，如何利用服装让自己“看”起来更加完美，一直是每一位女生努力学习和尝试的目标。有一定生活经验的人都知道，同一件衣服不同的人穿着，效果是完全不同的，简单地模仿有时候还会出现“东施效颦”的副作用。问题出在哪里呢？其实就是忽略了“知己知彼”，这里说的“己”就是你自己，而“彼”就是选择的服装了。了解自己，除了要知道自己是啥脸型、啥肤色，还有一个是必须清晰明了的，那就是你是“啥体型”。

女生常见体型如果用字母来做总结的话，基本可以归纳为四类，分别是 X、H、T、A 型，下面就跟大家简单分析一下这四类体型的最显著特征。

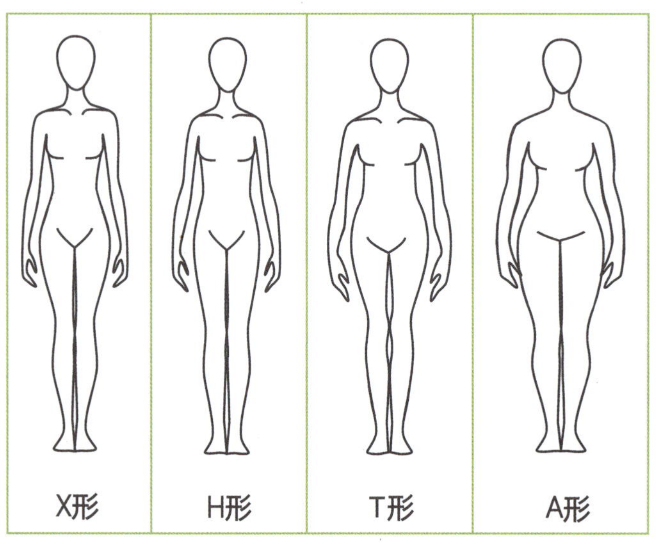

图 2 女性常见体型图解

图 1 标准职业女性着装形象

1/“X”体型

其实X体型是女性标准体型的代表，她形似沙漏，胸围和臀围尺寸接近，腰围细，胸腰差平均在20cm以上，整个人呈X造型。当然，亚洲女性的臀围往往要比胸围略大一些，这种体型是最具“女人味”的体型，但是往往也会由于胸部比较大，穿衣会显得上身臃肿。建议选择收腰展摆的造型，利用腰臀曲线差调节胸围扩张感，强化X型的女神身材效果。

2/“H”体型

“H”体型的女生往往给人以匀称、高挑的视觉效果，是属于清秀、雅致型女生风格。这类体型胸腰差没有那么明显，大约小于20cm，身体曲线不明显，直线条很强，因此穿着中性风格服装会非常“帅气”。但也正是因为直线感强，女性特征就容易减弱，要想打造有女人味的“女神”风格，就要通过垫肩、领饰、收腰、包臀裙等方法打造X曲线，让职业装的穿着不那么古板和男性化。

3/“T”体型

“T”型身材女生的最大特点就是上身壮硕，臀部偏窄，有时候会显得比较“man”，这种女生容易给人造成比实际体重偏重的视觉效果。因此，选择服装要远离垫肩和肩部夸张、横向扩张的造型，而“V”领型、上深下浅、展摆裙都是不错的选择。

4/“A”体型

这类体型女生可能最为烦恼的就是宽臀和粗腿了，“A”体型往往上半身较窄，下半身臃肿，有时也被叫作“梨形体”。在服装选择上，她们就要在肩部的横向扩张上做文章，通过在胸部以上部位的修饰和提示让人的视线尽量上提。廓形硬朗明确的上衣、合体收紧的齐膝裙是比较安全的搭配，多使用上浅下深的色彩搭配也可以起到一定的调节作用。

二、职业女装基本款式

职业装，顾名思义，是在职场穿着的服装，是区别于日常服装的特定类型。随着时代的进步与发展，职业女装的标准和款型越来越明确和成熟，同时也成为“男女平等”的一种视觉表达。因此，追求干练、严谨、典雅、端庄是其重要标准。女性通过职业装获得在职场的尊重和认可，而任何花哨的色彩和夸张造型都不是明智的选择。常见的女性职业服装主要款式有以下几种。

1/职业女西服

职业女西服与男西服比较类似，一般是1～3粒扣的合体西服上衣。当然，女西服更加体现女性胸腰的柔美曲线，结合硬朗干练的肩部造型，打造女性X型的身体廓形效果。

图3 常见职业女西服

2/ 帅气女衬衫

同男西服一样，女生西服内搭首选为衬衫，主要通过领型和色彩的搭配起到区分层次、调节视觉身高的效果。女生衬衫的标准没有男生那么严格，重点在装饰和修正的效果。例如，X 体型和 T 体型女生适合选择 V 领型衬衫，而 A 体型女生则适合选择有一定领饰的衬衫；身材娇小的女生适合选择上浅下深的色彩搭配，身材高挑健硕的女生则适合深色系搭配等。

3/ 严谨直筒裙

与女西服搭配的半身裙款型不多，初入职场的女生以直筒裙为首选。直筒裙选择的关键是裙长，齐膝是标准，在膝盖上下 5cm 是裙长调节的合理范围。通过裙长可修饰腿部：裙长在膝盖往上 5cm，可提升腿部的修长感；如果腿型不直，膝盖内侧空隙较大，可选择膝盖向下 5cm 的裙长，盖住膝盖内侧空隙，显现腿部笔直的美感。

职业装直筒裙不适合超短风格，否则容易给人浮夸、不够稳重之感。

图 4　常见女衬衫

图 5　常见直筒裙

4/ 干练西服裤

与女西服搭配，除了裙装还可以选择与西服同一材质的西裤。标准女西裤的裤型多为直筒型，长度以到达脚踝附近为佳，它挺括的裤线可以很好地遮盖腿型的不足，还可以塑造笔直、修长的身材效果。夏天搭配小西服时也可以选择同品质的九分铅笔裤。

5/ 直筒牛仔裤

在女性职业装搭配中，现在也经常看到西服配牛仔的造型，当然这里所说的牛仔裤绝不能是“洞洞裤”或喇叭裤。在春夏季选择一款棉麻西服上衣，搭配一款传统蓝色的牛仔直筒裤或者牛仔九分裤也是一种塑造时尚、干练效果的造型手段。

图 6　女士西裤裤脚造型

图 7　女士直筒牛仔裤

6/ 职业女装款式细节要素

1）有领：职业场合，女生穿着的职业装一定要有领子，目的是减少暴露肌肤，达到端庄的形象效果。

2）有袖：普通职业场合，女性着装袖子最短是满袖窿的短袖，切记不可露出腋下。

3）有扣子：拉链服装是许多年轻女生的最爱，方便、不拘束，拉链服装的语言是活泼、动感、活力，但在职场，给人的感觉是缺乏规则，所以，女生选择职场女装的首选是有扣子的款式。

4）前开门襟：服装的门襟有三种，前开门襟、后开门襟、侧开门襟。后两种服装接近套头装，这是使得年轻职场人略显幼稚的款式，所以要远离。

5）对称款式：与创意有余稳重不足的不对称服装相比，对称款式服装会让稚嫩的职场新人显得成熟、稳重。

三、职场女装基本色彩

职场女装的色彩奉行高级灰、低纯度搭配原则，因为高级灰、低纯度的色彩最容易营造优雅、谦逊、端庄的气质与风度，也最容易获得人们的接纳、信任与尊重。过于鲜艳和对比强烈的颜色固然可以有效营造气场强大的视觉效果，但是初入职场的女生需要慎选。

图 8　干练的职场女性造型

1/ 蓝色系

这个色系无论深浅，都是职场最受欢迎的色彩之一，给人以庄重、友好、和谐、专业的感觉。年轻女生可以尝试蓝色与白色的搭配，胖体型女生最好是外深内浅的搭配，清瘦型女生可以尝试白色与浅蓝的搭配。

图 9　蓝色是非常受欢迎的职业女装色彩之一

2/ 黑色系

这是职场最常见的色彩选择，一般适用于隆重的场合，在有的公司也是职位高低的一个象征（例如职位最高者一般着黑色系，所以要搞清楚单位要求再做选择）。这种搭配容易给人以沉闷、保守的感觉，需要利用不同材质的搭配，进行适当的调整。

图 10　黑色系是职业女装中最常见的选择

3/ 灰色系

这个色系既时尚又温和，也是一个不错的选择，但是也容易造成中庸、平淡的效果，用合适的衬衫颜色调节是一种很好的方法。灰色套装搭配深色衬衫可以营造沉稳、专业的效果；灰色套装搭配粉色、鹅黄、淡蓝等水果色可以达到减龄和扩张感，适合身材清瘦的女生。

图 11　灰色系职业装时尚感很强

除了以上三种常见色系搭配之外，还有棕色系、裸色系、绿色系等，这些色彩搭配首先要考虑选择者的肤色和穿着场合，对于初入职场的女生来说不太容易驾驭，还是要慎重选择。

女生对职业装基本款式和色彩了解了之后，要想做出正确、合适的选择，需要根据自己的体型、身高甚至是肤色、发型进行确定，基本原则就是符合职场基本要求，并做到“扬长避短”。

四、女生体型与职场服装选择

了解基本的四类女生体型，我们就可以有针对性地开始进行服装选择和搭配，以达到修正体型、美化修饰的效果。由于我们所设定的着装场合就是职业环境，在服装的选择范围上就相对较小。职业场合是一个体现个人能力、智商情商和工作效率的地方，有的时候要淡化性别差异，追求工作结果，因此，初入职场的女生要及早适应和学会融入，而非像日常那样通过特立独行的搭配在人群中达到“闪亮夺目”的效果。这也是现代职场女性着装远没有日常着装丰富多彩的重要原因。

在职业场合最保险的服装款式就是职业套装，它有着一定的固定搭配和标准款式，与我们日常的休闲娱乐类服装差别很大。日常女生们习惯了的花哨色彩、繁琐服饰、丰富造型，在这里都没有用武之地。下面我们就结合四类不同的体型，分别提供两套搭配案例，通过原理的分析带领大家学习方法，进行实践，进而学会选择你自己的职业装。

1 / “X”体型与服装搭配

这类体型本身就接近标准体型效果，因此要想塑造成完美的职场女神风格是比较容易的。

1）“X”体型与职业裙装搭配

适合的：

- 收腰西服裙装是凸显 X 型曲线的最佳选择。
- V 领造型可以体现完美曲线，但是领深不要超过锁骨窝下 10cm。
- 身材娇小的 X 型女生最好搭配齐膝直筒裙。
- 胸部丰满的女生也可尝试选择齐膝 A 字裙搭配西服，加强 X 型效果。

不适合的：

- H 型西服会掩盖完美曲线，只要不是太丰满最好不要选。
- 领口或者胸口装饰复杂的衬衫不要选。
- 身材比较丰满的女生，西服腰线不要收得太紧，以免造成上身的臃肿感。

图 12　收腰西服套裙

2）“X”体型与职业裤装搭配

适合的：

- 直筒裤是最佳选择。
- 裤长控制在脚踝附近为最好。
- 身材娇小的 X 型女生可以尝试颜色略浅于西服的长裤进行搭配。
- 身材高挑的 X 型女生选择统一颜色的西服套装，更能塑造挺拔修长的感觉。
- 春夏季西服搭配一款经典色彩的牛仔九分裤也是不错的选择。

不适合的：

- 紧身裤、喇叭裤都不是职业装的选择。
- 裤长不宜过长，以免造成臃肿邋遢的感觉。
- 短裤过于休闲，不能用来搭配西服上衣。
- 色彩鲜艳、款式夸张的牛仔裤不能搭配西服。

图 13 西服配西裤

2/ “H”体型与服装搭配

这类体型比较修长纤细，身体的直线感较强，因此重在打造和强调“X”形曲线效果。

1）“H”体型与职业裙装搭配

适合的：

- 肩部廓形有设计感的西服可以增加胸腰差，营造 X 型曲线。
- 肩线扩张、腰线收紧、搭配褶裙的造型，适合清瘦的 H 型体型女生。
- 领部有装饰或者造型设计的衬衫搭配收腰直筒长西裤，可以营造高挑的 H 型效果。
- 收腰小西服搭配包臀裙也可以塑造 X 型曲线。

不适合的：

- 直线条的长款西服配直筒裙不适合 H 型体型女生。
- 过于中性化的色彩搭配也不适合 H 型女生。

2）“H”体型与职业裤装搭配

适合的：

- 收腰合体的短上衣配中直筒的造型，可以适当调节 H 体型过于拉长的直线条。
- 身材娇小的女生适合选择收口直筒裤，长度到脚踝即可。
- 包臀合体的收口长裤是偏 H 体型女生不错的选择。

图 14 收腰上衣搭配铅笔裤

图 15　衬衫搭配直筒裙

不适合的：

- 长款直筒裤不是大腿粗的 H 体型女生的选择。
- 宽裤口或者喇叭裤都是 H 体型女生的禁忌。

3/“T”体型与服装搭配

这类体型上半身容易显得比较“结实”，所以修饰的重点要放在减弱上半身的膨胀感，利用窄肩、强调腰臀差来制造身体曲线效果。

1）“T”体型与职业裙装搭配

适合的：

- 窄肩收腰小上衣是首选。
- 深 V 领造型西服加领口有装饰的衬衫搭配直筒裙，适合高挑的 T 体型女生。
- 西服腰摆处向外展开的上衣搭配包臀直筒裙可以制造 X 型曲线，打破倒三角形的外轮廓效果。
- 直筒裙长度在膝盖上下为最好。
- 垂感好、柔软合体的面料可以有效减弱肩背部紧绷扩张的效果。

不适合的：

- 垫肩是 T 体型女生的大忌。
- 上衣腰围不要过度收紧，以免造成肩部与腰部的视觉差过大。
- 上浅下深的色彩搭配是 T 体型女生大忌。

图 16　衬衫搭配阔腿裤

2）“T”体型与职业裤装搭配

适合的：

- 长款的直筒裤可以有效拉长下身高度，转移肩部过宽的问题。
- 垂感很好的柔软阔腿裤搭配合体小西服，也可以有效缓解上身扩展的问题。
- 可以利用裤腰或者口袋部位的装饰扩展臀围或者腰臀差，来制造 X 曲线效果。

不适合的：

- 紧身瘦腿裤是 T 体型女生的大忌。
- 上浅下深的色彩搭配是应当避免的选择。

4/“A”体型与服装搭配

这类体型是女生们最“发愁”的体型，其最大的特点就是腰腹和大腿较粗，因此扬长避短、转移注意力是不错的方法。

1）“A”体型与职业裙装搭配

适合的：

- 有垫肩的合体西服搭配齐膝直筒裙是最好的修正搭配。
- 在肩部或者胸部适当地进行装饰可以有效地将视觉中心转移到脸部附近。
- 身材娇小的 A 型女生可以在颈部附近进行配饰搭配，提升视觉中心。
- 身材高挑的 A 型女生可以尝试垫肩款、中长直筒裙造型，转移臀部和腿部的不足。
- 硬挺材质的服装、翘肩西服、泡泡袖都是不错的修正身材的选择。

不适合的：

- 长及臀部的上衣不能选择。
- 过短的包臀裙不是明智的选择。
- 大 V 领、窄肩造型都不是 A 体型女生西服上衣的选择。
- 上深下浅的的色彩搭配会让 A 体型问题暴露无遗。
- 面料材质柔软、削肩效果明显的西服套装要慎选。

图 17　垫肩服装搭配包臀裙

2）“A”体型与职业裤装搭配

适合的：

- 深色合体的直筒裤会有效修正宽臀的问题。
- 搭配深色传统直筒牛仔裤也可以缓解宽臀或者腿粗的问题。
- 垂感强、裤线笔直的直筒裤是很好的视觉转移修正方法。

不适合的：

- 紧身瘦腿裤是 A 体型女生的大忌。
- 裤子腰部和臀部要避免明显的口袋或者装饰品。
- 柔软贴身面料的裤装不适合。

图 18　垫肩服装搭配牛仔裤

百战——你的职场女神养成之路 4

根据书中所学及自己的体型，选择深浅 2 件职装外套，2 件不同款式的白衬衫，1 条直筒裙，1 条职场裤子，搭配皮鞋，穿戴整齐。

征询 5 人的意见，至少包含 1 位有工作经验的人和 1 位异性。

本次练习建议多准备几套服装，多次反复完成。

记录下你穿哪套服装被认可度最高？

1／深外套＋白衬衫 1+ 裙装

2／深外套＋白衬衫 2+ 裤装

3／浅外套＋白衬衫 1+ 裙装

4／浅外套＋白衬衫 2+ 裤装

五、职业装搭配的基本礼仪和原则

1／提倡高级灰、低纯度搭配，避免花哨艳丽

职业女装体现的是女性的才智和能力，高级灰、低纯度的色彩选择更容易获得尊重和接纳，而过于艳丽花哨的色彩容易造成强势和压迫感。搭配色彩时也要考虑自己的体型特征，用深色减弱扩张感，用浅色提升高度、增加扩张效果都是有效修正体型的方法。

2／提倡端庄优雅，避免过于暴露

职业女装本身就是代表职场女性优雅、美丽气质的最有效途径，因此，所有具有暴露感的服装都不宜选择，即不露肩、不露胸、不露腰、不露背、不露腋下。时尚的露脐装、低胸装、吊带装、露背装、低腰裤、哈伦裤、超短裙都不能在职场穿着。

3／提倡适度修身，避免紧身短小

职业女装除了装饰作用之外，还可以有效地利用搭配方法修正每个人身体的不完美之处，因此适度、合适的修正是选择时的重要原则。而一味地展示身材的紧身衣、包体服装都是不适宜的。而且对于内衣的选择也很讲究，要与外衣色彩保持一致，不可过度花哨，做好遮盖等都很重要。内裤腰部外延走光、内衣走光、外套透明等，都是非常不礼貌的现象。

4／提倡正确搭配，避免杂乱混搭

职业女装对于穿着场合的要求很严格，同时也是工作时的特定着装，甚至很多公司都有明确的要求和标准。因此，随性混搭、时尚追风都不是职场着装的正确方法。一款套装色彩搭配不超过 3 种，面料搭配不超过 2 种，不搭配休闲类鞋袜。这些原则都是为了保持职业类着装的严谨、

干练的特点。

5/ 提倡优雅仪态，避免随性而为

职业女装穿着后对着装者的肢体动作有一定的限制性，因此配合优雅适度的举止非常重要。动作不宜过大，不能叉腿而坐，不能蹲坐，不颠腿等都是基本的着装基本仪态，还需要大家注意。

图 19　适合年轻人的职场造型

第六章 女生职场服饰管理

知己——你离职场女神有多远

课前梳理：

1. 你了解职场饰品的选择原则吗？（了解、不了解）
2. 护身符式红绳玉佩适合在职场佩戴吗？(适合、不适合)
3. 面试时需要选择隆重的饰品以示重视吗？（需要、不需要）

扫描封底二维码，上传你的答案，这是评估你的“职场女神”指数的重要依据哦。

知彼——你要知道的职场女神素养

第一节 职场“女神”点睛之笔——多彩饰品

饰品从来都是女生的最爱，它或闪闪发亮。或精致小巧。或高贵优雅，它总是在不同的时间、场合让女生瞬间就成为“焦点”。但是作为一个初入职场的女生，在选择使用首饰的时候则要慎重、慎重、再慎重，因为在职业场合，不同的身份、年龄、工作岗位等，对于使用饰品的标准和要求不尽相同，而饰品在职业场合的作用与日常生活中差异很大，如果使用过度甚至是错误使用，会造成不好的影响。所以，在这里重点介绍饰品使用的原则，让适当的饰品真正成为你在职场展示自我风采的“助手”

图1 适当的装饰品可以让职业装搭配锦上添花

而非“累赘”。

一、职场中的“饰品”

在职业场合的饰品定位，要比日常生活宽泛很多，它从贴体修饰的首饰、眼镜、发卡、丝巾、手套、帽子、鞋袜等，到离体携带的钱包、手包、手机、雨伞、电子产品等，都在不同的场合展现着佩戴者的气质、审美和个性风格。作为初入职场的女生可能还涉及不到这么大的范围，但是它们使用的基本原则是一致的，重点就是“符合”二字：符合你的年龄，符合你的身份，符合你的岗位，符合使用场合，等等。

如今，各类单位随着管理的细化和规范，开始对员工着装提出越来越明确的要求和标准。一个初入职场的女生首先要做的就是了解自己所在单位的具体要求，同时还要掌握以下一些职场饰品使用的通识性原则，才不会“犯错”。

1/ 以少胜多

在职业场合佩戴饰物的目的是展示个人修养和气质，而非夺人眼球。因此，在饰物上贵在少而精，以最多不超过3个的饰品搭配为宜。过大、过艳、过于夸张的饰品都不要选择。例如戒指加胸针，或者戒指加项链，如果项链、戒指和胸针（或者耳钉）都有，那就一定要保持同色系、同质地的搭配。

图2　以少胜多的搭配

2/ 同类色系

饰品的颜色一般都比较闪亮或者夺目，因此，如果搭配使用在两件以上就要考虑在同色系中进行选择，尤其是贵重饰品，切不可金银、玉类混搭，那样会显得比较生活化或者俗气，不适合职场风格。

图3　同类色系的搭配

3/ 同类质地

这里说的质地主要是饰品材质标准，例如金饰组合、银饰组合或者宝石组合都是比较稳妥的选择。如果饰品质地过多，会显得凌乱和夸张。另外，如果使用镶嵌质地饰品时，力求让托架也尽量保持统一，这样会提升装饰效果的整体感。

图 4 同类质地的搭配

4/ 符合身份

饰品的佩戴是非常讲究时间、场合、地点的，不同工作类型、工作形式、工作性质的女生都选择佩戴物饰品会有所不同。例如，服务类工作者，手上的配饰就要减少；法务咨询类工作者，服饰就要极简，等等。过于华丽、高档的首饰不适合工作场合佩戴。

图 5 符合身份的搭配

5/ 扬长避短

正确使用配饰可以起到引导视线关注点、调节身材比例的作用。例如，身材瘦小的女生就不宜选择长线条、下垂感强的项链、丝巾等饰物，而可以在眼镜、耳钉等部位进行修饰，提升视线的上升感；脖颈短粗的女生可以佩戴合适的胸针或者戒指，让视线移动起来，也会调节视觉节奏。

图 6 扬长避短的搭配

6/ 配合服装

饰品尽管是一个小范围的装饰物，它的点睛作用还是非常有效的，尤其在与服装的整体协调之下，会将服装的整体审美和视觉效果提升一个层次。利用服饰与服装的统一搭配，可以增加着装的层次感和档次感，其重点可以放在色彩统一或者质地统一上。例如，长而繁琐的项链适合毛衣、外衣类服装，铂金、金银类项链适合套裙类服装。

图 7 配合服装的搭配

7/ 适合季节

首饰的季节感主要体现在材质和色彩上。例如，冬季适合佩戴金属质地、颜色偏深的首饰；夏季适合佩戴珍珠、水晶或者彩石类轻盈、色彩明快的首饰。

图 8　配合季节的搭配

8/ 尊重习俗

不同地区、不同职业、不同文化背景对于饰品的使用是各有差异的，选择配饰之前一定要考虑到这一点。例如结婚戒指的戴法就很讲究，一般戴在左手无名指。不同手指佩戴的含义也不尽相同；还有，手镯（手链）一般适合单手佩戴，不宜佩戴过多或者双手佩戴。

图 9　尊重习俗的搭配原则

穿衣知文化

人造首饰与有趣

时尚女王香奈尔信奉："你的生命只有一次，还是有趣点好。"（You live but once; you might as well be amusing.）她认为，把"几百万"（指昂贵珠宝）挂在脖子上走，太难看了，于是她用有趣、富有想象力的款式，让原本只讲求石头高贵价值的首饰，转变成对时髦的追求。1920 年，香奈尔陪同俄国大公爵巴卡扎洛夫参观瑞士珠宝矿，被钴蓝和锗红两种宝石的魅力吸引，灵感瞬间迸发，将各种不同颜色和质地的珠宝和珍珠镶嵌在一起，丰富了珠宝的颜色和样式。在公爵的帮助下，香奈尔又找到了人工珠宝与天然珠宝混合镶嵌的设计方式。她从昂贵的珍珠项链获得灵感，设计了在价钱上让人负担得起的人工珍珠配件，她改变了当时妇女们定义珠宝价值的观点与佩戴的方式，香奈尔珠宝开始风行。

二、首饰与脸型的搭配

首饰中的项链、耳环是最接近脸部的饰品，使用得当会起到对脸型的修正和调节作用。在秉持对使用场合、环境和工作性质适合的原则下，利用好饰品的提示和引导作用可以对脸型起到扬长补短的作用。

1/ 圆脸与首饰搭配

这种脸型年轻、活泼的气质比较明显，但显得成熟感不够。这时，利用长线条的耳环或者项链进行修正是比较不错的方法。但是要注意耳环不要过长过大，线状造型比较适合；项链为过锁骨的“V”形效果最佳；不适合使用项圈项链。

图 10 根据服装和脸型选择饰品非常重要

2／长脸与首饰搭配

这类脸型线条看起来会比较硬朗，因此可以通过廓形饱满的耳环将脸部的线条进行横向扩张，而项圈类的项链造型会减缓视线下移的趋势，可以有效调节过长、过硬的视觉效果。长方脸还可以选择曲线感强、有层次镂空效果的饰品来增加柔和度和空间感。

3／尖脸与首饰搭配

这类脸型下巴较尖，过于夸张、垂坠很长的耳环会显得笨重突兀，因此选择圆形耳环是个不错的方法，而项链则不能选择“V”形造型。可以利用珍珠类项链有弧线的效果弥补尖下巴的尖锐感和收缩感。

护肤 tips：

1. 贵金属和宝石类首饰尽量避免与洗涤用品接触。
2. 香水、化妆品和汗水都会对金属质地饰物有腐蚀作用，要注意及时擦拭和隔离。
3. 饰品要独立收纳，避免相互间的摩擦和碰撞。

图 11 女性常见首饰

百战——你的职场女神养成之路 4

1／你认为职场佩戴的首饰，每人至少应该准备几件？（1 件、2 件、3 件以上）

2／你经常把金色、银色的饰品同时佩戴吗？（经常、不经常）

扫描封底二维码，上传你的答案，这是评估你“职场女神”指数的重要依据哟。

知己——你离职场女神有多远

1. 课前梳理：

1／你有几条丝巾？（1～2条，3～5条，6条以上）

2／你认为职业装与丝巾搭配有必要吗？（有、没有）

3／职场所用丝巾与普通丝巾有区别吗？（有、没有）

2. 扫描封底二维码，上传你的答案，这是评估你的“职场女神”指数的重要依据哦。

知彼——你要知道的职场女神素养

第二节　职场明艳“女神”形象——百变丝巾

在女装搭配配件中，丝巾是常规选择之一。它因携带方便，造型丰富，对不同服装款式的配合度非常高，可以满足各种场合的装饰需求，而受到广大女士的喜爱。选择一款合适的丝巾往往会使一身沉闷的着装实现“华丽转身”，一个小小的点睛之笔也会使着装者“改头换面”。

一、丝巾的作用

初入职场的女生在着装上往往会显得严肃、规范，在出入一些特殊场合时就会略显沉闷。这时，女生根据不同的服装搭配漂亮的丝巾，则会起到意想不到的装饰效果。而且丝巾不像化妆品或者其他饰品对使用技巧有较高要求，女生只要掌握几个简单的系扎方法就可分分钟搞定。所以，丝巾在职场造型中往往充当“救火员”的重要角色。这里我们从职场常见丝巾的类型入手，结合脸型和服装造型，带领大家学习几款简单易学的打结方式，进而掌握这种快速有效的搭配技巧。

追溯丝巾的历史，也许得从一块御寒的布料开始。经过了几个世纪的发展，它已经从生活实用品逐步过渡到生活装饰品的行列。

图1　佩戴适合的丝巾可以让沉闷的职业装“华丽转身”

同时，丝巾的质地、色彩等也越来越细分和丰富起来，多变的丝巾打结和造型手段也越来越引起大家关注。这里我们将结合不同质地丝巾的使用和搭配方法，为大家介绍一些实用有效的装饰技巧。

1 / 丝巾的分类

1）丝质类

这是春季常用的丝巾类型，也是女士最为常用的选择类型。它有纯丝绸质地的，也有化纤混纺类的。这类丝巾因其良好的光泽感、垂坠感和容易造型的特性而受到大家的喜爱，也是职场搭配西装、服饰品的首选类型。

图 2 丝质类丝巾

2）麻质类

这是夏季常用的丝巾类型，它的垂感很好，与夏装搭配既轻巧又有型。特别是在空调环境下，它会大显身手，既可以起到装饰作用，又可以有效地保护肩颈。

3）棉质类

这是秋季常用的丝巾类型，它既可以抵挡略有寒意的秋风，又可以通过有效的色彩组合为服装搭配起到调节和突出的作用。

4）棉毛质类

这是冬季常用的丝巾类型，它的首要作用就是保暖，其柔软蓬松的质地也会增加肩颈部的造型效果，为臃肿的冬日搭配提供一抹靓丽的色彩。这类丝巾适合户外使用。

图 3 麻质类丝巾

图 4 棉质类丝巾

图 5 棉毛质类丝巾

二、丝巾常见系扎方法

在职业场合使用丝巾，主要是为了点缀，获得装饰效果，因此，不宜使用过长过厚的丝巾。它主要会围绕在职业装的领口和前门襟处进行打结造型，让人的视线集中在脸部周围，因此打结的方法也不要过于繁琐。这里结合介绍几款简单易学的打结方法，让大家能够快速有效地利用丝巾改变自己的造型。

1/ 百褶花结

使用短款方巾折成风琴百褶的层次，利用两次打结的方式在颈侧部调节出富有层次的花状结，给人以清新俏丽的视觉效果。

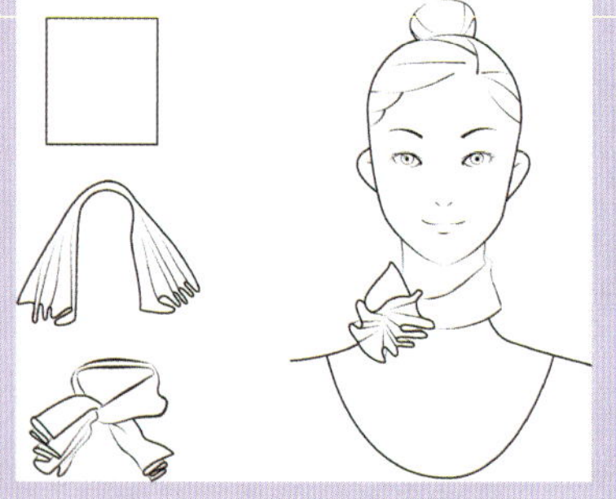

图 6 百褶花结打法示意图

2/ 海芋结

这是小丝巾最适合的一种打结方式。打法也非常简单，就是小方巾重复对折后，打两次平结。关键点在于打结后的丝巾角要分开放在颈侧和胸前，它可以让空荡荡的颈部瞬间温暖而俏皮起来。

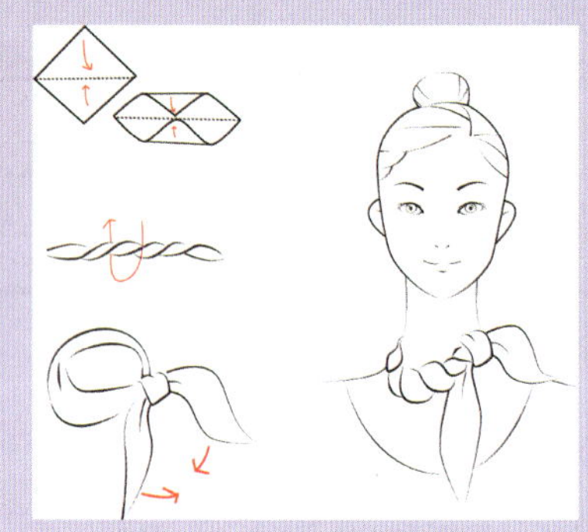

图 7 海芋结打法示意图

3/ 西班牙结

将小方巾对折呈三角效果，三角形垂在下巴前方，两端在颈后系扎，然后调整前面的尖角和三角形的面积。这款丝巾结放在服饰品领内，可以增加颈部层次感，适合脖颈较长的女生选择。如果将西班牙结放在领外，则营造了干练端庄的视觉效果，并会在最短的时间内将人的视线集中到脸部周围。

图 8 西班牙结打法示意图

4/ 领带结

这种打法可以使用大方巾或者长方巾，就像打领带或者打红领巾结一样进行造型。它适合放在服饰品领外，搭在西服胸前。这种丝巾结非常适合营造干练、洒脱的职业造型。

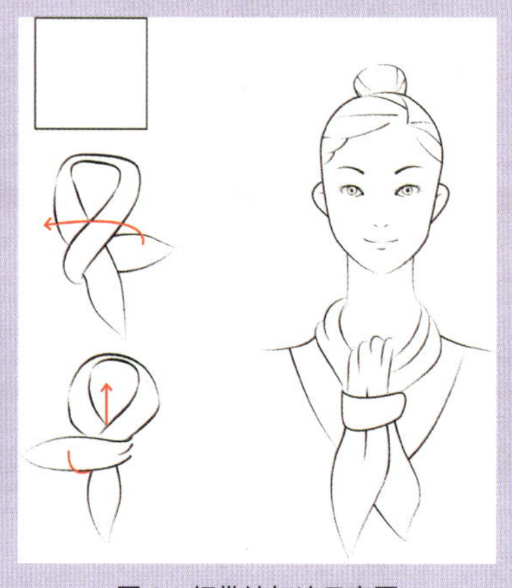

图 9 领带结打法示意图

丝巾打结造型的方法非常多，原则就是花结造型要与丝巾的长短、质地相结合，结头不可过于夸张臃肿，适当地利用丝巾的层次和位置调节与脸型的关系，色彩也要与所穿的服装进行匹配，切忌“喧宾夺主”。

三、丝巾搭配方法

1/ 丝巾与脸型搭配

1）圆脸与丝巾搭配

这种脸型使用丝巾要尽量创造向下垂坠的线条效果，不要在颈部做紧贴状的造型，过于横向的大花结也不适合。

2）长脸与丝巾搭配

这类脸型适合横向扩张的丝巾造型，例如靠近脸部的蝴蝶结向一侧调整的方法，利用柔和的丝巾线条，打破脸部长直轮廓的效果，增加女性柔美飘逸的效果。

3）尖脸与丝巾搭配

这类脸型可以充分利用丝巾的层次效果，增加女生的柔美和妩媚感。华丽一些的打结方法可以增加横向扩展效果，减弱尖脸下巴收紧过快的问题。

2/ 丝巾与服装搭配

这里主要说的是职业类场合的丝巾使用，因此款型上的配合主要目标是制造轻盈、突出的效果，造型也主要围绕在脖颈和西服前胸部位展开，秉持比例适当、大小合适、重点在腰部以上的原则即可，但是在色彩的运用上还是需要进行一个说明和强调。

图 10 小丝巾的使用可以使职业装变得更加活泼和有辨识感

1）花色丝巾与服装搭配

选择靓丽、花色丰富的丝巾，既可以提亮肤色和服色，还可以利用接近脸部的效果，增加视觉的提升感，更可以改变单色系服装给人的单调、沉闷的感觉。当然，重要的原则就是在色彩的选择上注意“保持一致”，即丝巾的色彩与服色统一在一个色系，就会万无一失。

2）单色丝巾与服装搭配

条纹、点状的服装外套往往会给人以活泼、靓丽的感觉，但是作为职业装也可能显得不够“严肃”，这个时候选择一条单色的丝巾“压一压”视觉的跳跃感就是一个不错的方法。丝巾的颜色最好从服色中进行选取，至少要与服装中的某一个色彩在一个色系上，才能达到变化中寻求统一的效果，切忌“花”上加“花”。

3）丝巾色彩与肤色搭配

职业装中的单色套装多深蓝色、灰色或者白色，这些颜色的服装搭配丝巾就可以选择鲜艳一些的色彩，但是也要考虑到丝巾毕竟接近脸部，肤色就成为重要参考依据。肤色深的女生可以选择冷色系的蓝紫色等，肤色浅的女生可以选择暖色系的黄橙色等。而这时口红的颜色最好与丝巾进行搭配，就更加完美了。

图 11　利用丝巾搭配职业装可以有效凸显个人风格

洗护 tips：

- 丝巾最好使用手洗处理，以免机洗导致轻薄的面料产生变形和刮丝现象。
- 丝巾的收纳最好分类挂装或者折叠收藏，以免有些材质的丝巾出现死褶难以处理。
- 真丝类丝巾遇汗渍要及时清洗阴干。不要接近樟脑丸保存。

百战——你的职场女神养成之路 6

1／你有几条与职业装配套的丝巾？（2 条、3 条、4 条以上）

2／你是根据自己衣橱里服装的色彩选购丝巾吗？（是、不是）

3／你的丝巾清洗过后会熨烫好吗？（会、不会）

扫描封底二维码，上传你的答案，这是评估你“职场女神”指数的重要依据哟。

知己——你离职场女神有多远

1. 课前梳理：

1／你有适合职场的高跟鞋和丝袜吗？（有、没有）

2／你了解职场高跟鞋的选择标准吗？（了解、不了解）

3／你面试穿的高跟鞋是新的吗？（新、旧）

4／你认为夏天面试有必要穿丝袜吗？（有、没有）

5／糖果色丝袜可以在职场穿吗？（可以、不可以）

2. 扫描下面二维码，上传你的答案，这是评估你的“职场女神”指数的重要依据哦。

知彼——你要知道的职场女神素养

第三节 职场“女神”专属装备——高跟鞋

如果你问一个女生踏入职场必备的物品什么，可能有 80% 的人都会选择“高跟鞋”。一双高跟鞋也成为一个女孩迈入职场成为社会人的标志之一。它独特的外形，以及穿着后营造出来的高雅、端庄和自信的气质非常符合现代社会对职业女性形象的要求和标准。根据服装和穿着场合的要求，搭配好一款高跟鞋和丝袜也是一个女生基本职场生活能力和审美的象征。女生的鞋子可以种类繁多，但是可以用于职业场合的标配却有着严格的标准，高跟鞋是基本款型。这里就专门针对它展开介绍，带领大家学会正确、有效地使用女人的专利——高跟鞋。

图 1 女人的专利——高跟鞋

一、高跟鞋

高跟鞋，顾名思义，就是鞋跟较高的鞋子，学会穿高跟鞋也是女生走向成熟的必经之路。它是诞生在西方宫廷的一款特殊“产品”，最早为贵族专属，增高身高可能是它最早的使用目的。经过几个世纪的演变与发展，它的造型几经变化，最终形成了现在的统一造型。穿过高跟鞋的女生都知道，其实它的舒适度远没有平底鞋好，但是因为其特殊的结构，使得穿上它的人都会挺胸抬头，身体曲线感大大增加。正是这种变化凸显了女性特有的身体美感，也是其他鞋子穿着后无法替代的独特气质，使得这种穿起来费劲的鞋长久以来让女生们趋之若鹜、追捧至今。

1／高跟鞋基本分类

听老师讲解

扫描此二维码，可以了解职业女士穿着高跟鞋的基本原则。

1）按鞋跟高度分类

平跟：鞋跟在 30mm 以下的为平跟。

中跟：鞋跟在 30 ~ 50mm 之间的为中跟。

高跟：鞋跟在 60 ~ 80mm 之间的为高跟。

超高跟：鞋跟在 80mm 以上的为超高跟。

职场高跟鞋高度的选择要根据身高确定，身材高挑的女生适合平跟或者中跟，身材娇小的女生可以尝试一下高跟，但初涉职场的女生建议选择平跟和中跟。超高跟不建议在职场使用，它的安全性和舒适度都比较低，不利于工作需要。

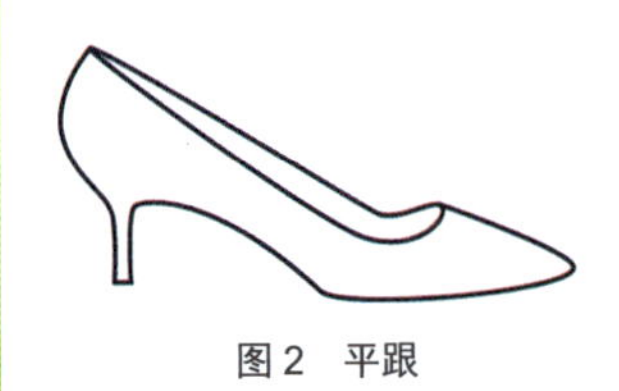

图 2　平跟

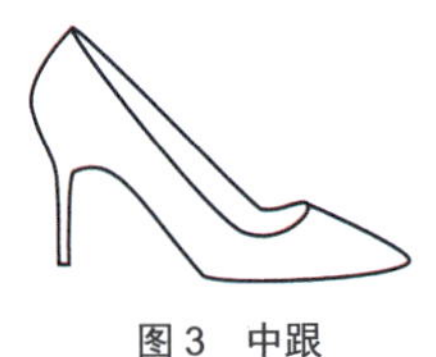

图 3　中跟

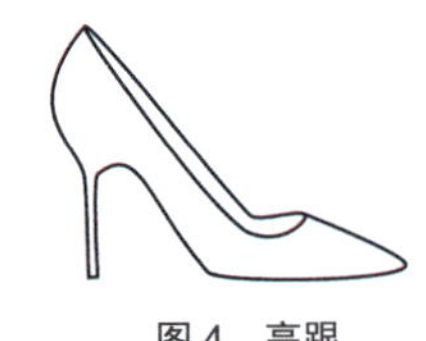

图 4　高跟

图 5　超高跟

2）按鞋跟形状分类

直跟：鞋跟粗直、垂直地面的鞋型，它的稳定性较好，比较适合身材较高或者丰满的女生选择。

细跟：鞋跟很细、垂直地面的鞋型，它外观小巧精致，比较适合纤细清瘦的女生选择。

图 6　直跟高跟鞋

图 7　细跟高跟鞋

酒杯跟：仿制酒杯造型的鞋跟，在靠近脚底部分呈现弧线造型，接近地面的细跟又细又直。它往往是宴会搭配礼服的首选鞋型。

坡跟：鞋跟为整个底面的鞋型，相比细跟容易行走，还可以通过整体鞋底的加厚来提高身高，也被叫作松糕鞋。但也不宜过高，会造成重心不稳，也不安全。

图 8　酒杯跟高跟鞋

图 9　坡跟高跟鞋

除了以上常见鞋跟的高跟鞋之外，还有造型更为夸张的异形跟高跟鞋，它一般用于演出或者休闲娱乐场合穿着。而在一般的职业场合，直跟、细跟的高跟鞋是女生们最常选择的鞋跟类型，它舒适度相对较高，也不容易崴脚。如果是参加商务类的宴席活动，也可以尝试选择酒杯跟，但是这对女生穿着高跟鞋的技巧有一定要求，经验不丰富的女生还是要慎重选择。

3）按鞋形款式分类

鱼嘴款：20 世纪 50 年代由玛丽莲 · 梦露引领时尚的一款高跟鞋。在鞋的前段有个豁口，露出两个脚趾，尽显女性柔美优雅的特质，它与职业装搭配非常适合。

图 10　鱼嘴款高跟鞋

尖头款：这款高跟鞋的特色就是鞋尖很尖，呈三角形效果，多配以细直的鞋跟或酒杯跟。它也是高跟鞋的基本款型之一，是塑造成熟干练职业女性形象的必备品。

图 11　尖头款高跟鞋

圆头款：这款高跟鞋的鞋尖呈圆形效果，也就让鞋型多了一份柔和与俏皮的气质，比较适合年轻女生选择，而且穿着的舒适度也要比尖头款好很多。

图 12　圆头款高跟鞋

方头款：这款高跟鞋的鞋尖呈方形造型，多在鞋面配以方形结扣进行装饰，也是职业装搭配的常见鞋型。相对于尖头款和圆头款，它显得更加干练和稳重一些。

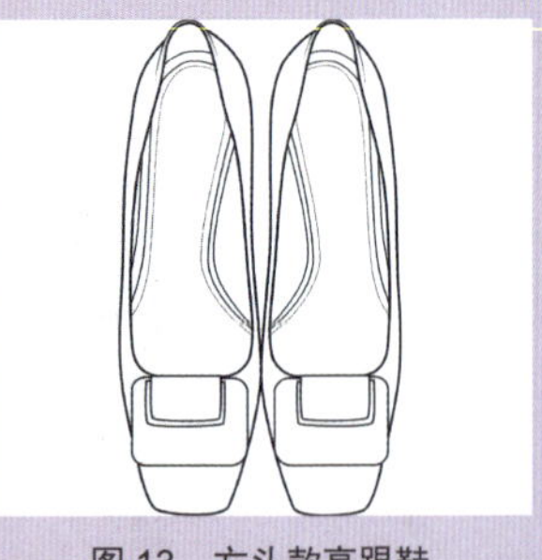
图 13　方头款高跟鞋

2/ 高跟鞋的使用与搭配

1）高跟鞋的穿着

高跟鞋的高度选择要根据穿着场合、工作性质和个人掌控程度来决定。大多数情况下选择中跟是较为常见的情况，但是也要注意以下几种情况：

图 14　高跟鞋合脚是非常重要的使用标准

- 鞋子必须合脚，过于宽松容易崴脚，过于紧小妨碍行走。
- 鞋跟不宜过高，高挑身材女生可以穿着平跟鞋；矮小身材女生穿中跟鞋，鞋跟也不要太细；等你可以熟练驾驭高跟鞋，再尝试细跟或者酒杯跟。
- 穿着高跟鞋注意挺胸抬头，直立身体容易控制重心，利用腰部力量走路也有利于稳住重心不摔跤。
- 高跟鞋穿着时间不宜过长，脱下后要适当敲打腿部和腰部，减小其对腿部和腰部的压力和负担。
- 穿着高跟鞋切不可快步走或者跑步，一个是因为仪态的要求不合适，更重要的是安全需要。

2）高跟鞋的搭配

高跟鞋是职场着装的必备搭配，它与女士职业套装是完美搭档，当然也要注意一下几个搭配要点：

- 高跟鞋要与职业套装的色彩保持一致，这样才可以营造一个干练、严谨的整体职业感。过于鲜艳或者反差较大的高跟鞋色彩，容易造成喧宾夺主的感觉，降低人的身高感，在职业装中慎选。
- 夏季职业套装适合细跟的鱼嘴款或尖头款，冬季高跟鞋适合选择跟粗一点的圆头或者方头款。
- 职业装搭配不适合高于 8cm 的鞋跟，一是会影响工作中的动作，二是长时间穿这个高度的鞋跟对颈椎、腰椎的压力都很大，不利于身体健康。

- 高跟鞋搭配牛仔裤在现在职场也经常见到，但是不论裤子还是鞋子都不要过于鲜艳，保持深色系的搭配会比较保险。

护肤 tips：

- 高跟鞋的购买一定要亲自试穿后再做决定。
- 很少穿着高跟鞋或者脚步有疾病的女生要慎选中跟以上的高跟鞋，因为它会增加脚部、颈部、脊椎和关节的负担，切不可硬撑。一款平跟高跟鞋也是完全可以适应职场需求的。
- 一双黑色的中跟高跟鞋是每个女生的职场必备，选择一款穿着合适、款式标准、品质好的纯皮高跟鞋还是很有必要的。

图 15 高跟鞋与职业装服饰搭配和谐也非常重要

女鞋尺寸对照表									
Us	5.0	5.5	6.0	6.5	7.0	7.5	8.0	8.5	9.0
Uk	4.0	4.5	5.0	5.5	6.0	6.5	7.0	7.5	8.0
Eu	36	36 2/3	37 1/3	38	38 2/3	39 1/3	40	40 2/3	41 1/3
Jp	220	225	230	235	240	245	250	255	260
中国（新）	22.0	22.5	23.0	23.5	24.0	24.5	25.0	25.5	26.0
中国（旧）	34	35	36	37	38	39	40	41	42

图 16 女鞋尺寸对照表

二、女袜

女袜的种类很多，不同季节、不同质地、不同穿着场合的选择非常广泛。这里要说的主要是职场服装搭配的必备女袜——丝袜。它是高跟鞋和制服套裙的最佳搭档，也是女生在职场的重要礼仪环节，不可忽视。

1 / 丝袜基本分类

1）按长度分类

短袜：长度到脚踝上下的丝袜，一般适合搭配长裤穿着。

中筒袜：长度到膝盖以下的丝袜，一般适合搭配长裤或者长裙穿着。

齐膝袜：长度正好到膝盖位置的丝袜，一般适合搭配长裙穿着。

连裤袜：袜筒连着短裤于一体的丝袜，适合职业套裙穿着。

吊带袜：长度到大腿部分，需要使用腰部束带吊着的丝袜，适合礼服类服装穿着。

2）按材质分类

水晶丝：化纤尼龙丝质袜，透明度号，色彩比较丰富，但弹性较差，手感粗糙。

包芯丝：透明度高，弹性很好，手感要比水晶丝细滑，是女生丝袜的主流材质，也是超薄款。

天鹅绒：比包芯丝要厚，质地细腻，弹性更高，但透明度略差，适合秋冬季室内搭配套裙穿着。

莱卡：弹性最好的丝袜类型，穿着更加舒适，色彩丰富，适合秋冬穿着。

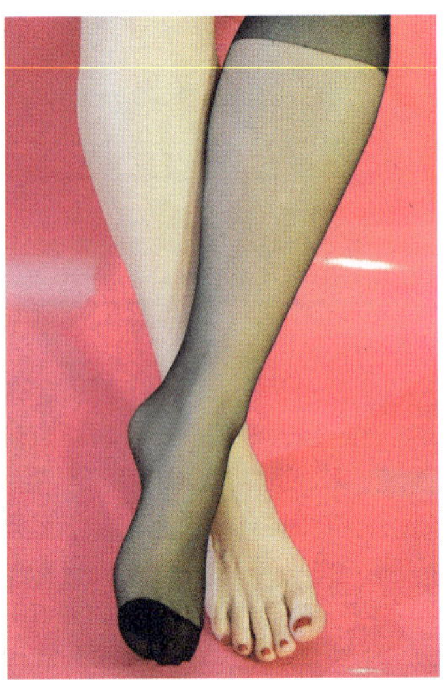

图 17　女丝袜的长度需要根据所搭配的服装进行选择

2/ 高跟鞋的搭配

1）适合原则

丝袜是女生搭配职业套装、套裙的必备品，因此首要标准就是与服装保持协调。在职场最经典的丝袜颜色是黑色、银灰和深蓝，它们可以搭配任何制服套装的色彩，并营造出严谨、睿智、干练的职业形象。色彩鲜艳的丝袜不是职场搭配的选择。

2）品质原则

丝袜虽薄，但品质确实差异很大，透明度好、弹性好、强度高是丝袜的重要标准，尤其是穿着套裙制服，丝袜要保证清爽、整洁、无破露。穿着后丝袜在腿部的抱和度和平顺感也是评判一个女生着装礼仪和素养的标准。切不可在脚踝、膝盖窝或者大腿处出现褶皱和堆积现象。

3）修饰原则

丝袜的色彩尽管丰富，但是在职业场合可选的不多，黑、灰、棕的深色系或者肉色是常见款式。深色系的丝袜适合身材较为丰满或者腿部较粗的女生选择，可以起到收缩和提升的作用；肉色则适合瘦小的女生选择，可以增加横向扩张感，让人显得更加轻盈。在职业场合穿着职业套裙是必须搭配丝袜的。

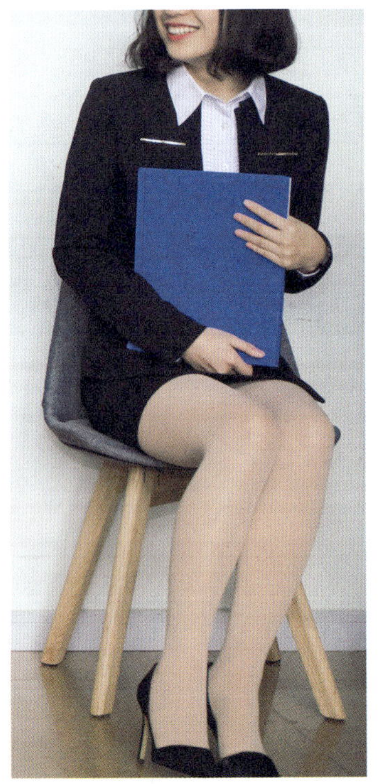

图 18　不同材质的丝袜穿着效果各不相同

听老师讲解

扫描此二维码，可以了解职业女士搭配丝袜的基本原则。

穿衣知文化

丝袜与军需品

丝袜是职场裙装的标配，她美化了女性腿部线条，调节了整体着装色彩。丝袜的诞生得益于1935年杜邦公司发明的尼龙。1939年，尼龙出现在纽约世界博览会上。由于丝袜的原材料尼龙具有快干、耐穿、弹性好等特点，所以在当时尼龙被列为军需品。1940年5月16日史称“尼龙日”，在这一天，400万双尼龙长袜运抵全美各地的商店，并于两天之内销售一空。之后不到一年，尼龙成了限额配给品，除了用于生产降落伞之外，还会用于生产军用蚊帐和吊床，甚至在战场上作止血带。所以，美国为了从行动上支持战争，决定停止丝袜生产，所剩无几的丝袜，价格也由战前的1.5美元一双上涨到20美元一双。战后，当百货店开始销售这种光滑的长统袜时，女士们为了购买它们而排起了长队，有时甚至到了疯狂的程度。

保养 tips：

- 将新丝袜在冰箱冷冻24小时后穿着会增加丝袜的耐用性，减少脱丝脱线的情况出现。
- 丝袜最好手洗，不可漂白，不要与其他衣物混洗，要避免出现刮丝情况。
- 丝袜要避免暴晒，否则织物容易变脆，减少使用次数。丝袜还要远离火源，它不耐高温，容易遇热收缩。
- 丝袜被刮立刻使用透明指甲油封堵开线两头，可以避免继续脱线的尴尬情况。

百战——你的职场女神养成之路7

1／你是否在面试前至少把新买的高跟鞋提前穿3天，以避免走路变形的窘态？（会、不会）

2／你是否会在面试当天穿裙装时随身多备1双备用丝袜？（会、不会）

扫描封底二维码，上传你的答案，这是评估你“职场女神”指数的重要依据哟。

第三部分　礼仪篇

第七章　面试的基本礼仪

知己——你知道多少面试礼仪

1／你照镜子的时候，除了注意仪容仪表，会经常观察自己的身体姿态吗？（会、不会、经常）

2／遇到握手的时候，是女士先伸手还是男士先伸手呢？（女士 、男士 ）

3／面试之前你有习惯检查手机是否静音或者关机吗？（有、没有）

4／你认为面试中的礼仪重要吗？（重要、不太重要、没想过）

知彼——你要知道的基本礼仪要素

面试是成功求职的“敲门砖”，面试官对求职者的了解，语言交流只占了30%的比例，而求职者的眼神交流、个人气质、身体语言、礼仪修养则占了很大一部分，所以求职者在面试时不仅要注意自己的外表及谈吐，而且要注意自己的举止礼仪。这里就从男生、女生的基本身体形态标准入手，结合面试会遇到的基本环节介绍其对应的礼仪行为。通过这一章的学习，会让各位在努力塑造个人形象、赢得第一印象分之后，再在行为举止上进行加分，让你的面试之路更加顺利。

基本礼仪与面试礼仪

一、基本姿态礼仪

1／站姿

面试时站立姿态是自我形象的最基础展现。下面介绍一下女士和男士的正确站姿标准。

1）女士正确站姿

- 双腿并拢，脚跟靠近。
- 脚尖呈小“V”字，重心在两腿中间。
- 挺胸，收腹，立腰，沉肩。
- 双手自然垂于体侧或叠放在腹前。
- 双肩平行，目视前方，面带微笑。

2）男士正确站姿

- 双脚平行开立，与肩同宽。
- 双腿直立，重心在两腿中间。
- 挺胸，收腹，直背，开肩（不耸肩）。
- 双手半握拳状垂放于体侧。
- 双肩平行，目视前方，面带微笑。

站姿 tips：

1. 如手持简历，可将简历双手持于腹前保持站姿。
2. 如有背包，建议将包妥善放置后保持正确站姿。

图 1 男女正确站姿示意图

2/ 坐姿

端正、挺拔的坐姿可以给面试官留下一个良好的印象。这里介绍一下正确的坐姿。

1）女士正确坐姿

正坐式姿态（适合非常隆重、正式的场合）

- 上身与大腿、大腿与小腿分别呈直角状态。
- 小腿垂直于地面，双膝双脚并拢。
- 双手交叠放于大腿上方。
- 上半身保持挺拔。

图 2 正坐式姿态图

侧放式姿态（适合穿裙子的女士在较低处就座）

- 双膝并拢。
- 双脚向左或向右斜放。
- 腿部与地面呈 60 度角。
- 双手交叠放于大腿上方。
- 上半身保持挺拔。

图 3 侧放式姿态图

叠放式姿态（适合穿短裙的女士就座）

- 双腿上下交叠呈一直线，没有缝隙。
- 然后将双腿斜放于身体一侧。
- 腿部与地面呈 60 度夹角。
- 叠放在上的脚尖垂向地面。
- 双手交叠放于大腿上方。
- 上半身保持挺拔。

图 4　叠放式姿态图

2）男士正确坐姿

- 上身与大腿、大腿与小腿呈直角状态。
- 小腿垂直于地面。
- 双脚平行，脚尖冲前。
- 双膝分开，不超过肩宽。
- 双手分别放于靠近膝盖的位置。
- 上半身保持挺拔。

图 5　男士正确坐姿图

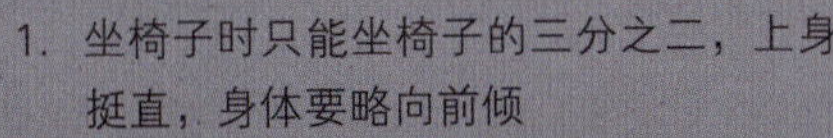

1. 坐椅子时只能坐椅子的三分之二，上身挺直，身体要略向前倾
2. 如面前有桌子，也可以将双手自然交叠放于桌面上。
3. 女士如着裙装，应先整理裙摆再落座。
4. 躺靠椅背、驼背、跷二郎腿都是不正确的坐姿。

二、面试基本礼仪

1 / 到达前台的基本礼仪

- 面带微笑，目视接待人员，大方走向前台。
- 站定之后，目视接待人员，示意问好。
- 用简洁明了的语言介绍自己的姓名和来意。
- 受到指引之后，表示感谢。

图 6　前台接待礼仪

2 / 面试等待的基本礼仪

- 直接走向面试等待区域或者座位，不要来回徘徊选择。
- 以正确的坐姿安静落座。
- 将手机调到震动模式。
- 不要来回走动。
- 不喧哗、聊天，保持安静沉着。

tips：如需上卫生间，但不知道方位，可咨询接待人员，尽量不要打扰办公区正在工作的职员。

图 7　面试等待礼仪

3/ 进入面试室的基本礼仪

如有招聘助理带领进入面试室，你可以随之进入，但不要跟得太紧。

如没有招聘助理带领，接到进入面试室通知后，请敲门，得到允许方可进入室内。

如面试室内面试官说到“下一位”，面试室的门开着时，稍作停顿直接进入室内；如果面试室的门关闭，可以在敲门示意后直接进入室内。

tips：1. 敲门以两、三下较为标准，敲门的力量以面试官能听得见的力度为适宜。
2. 开关门要尽量轻，进门后不要用后手随手门关，应转过身正对门，用手轻轻关门。

4/ 面试过程中入座的基本礼仪

面带微笑，目视面试官，可以致“欠身礼”和问好。面试官说“请坐”后，需回应“谢谢！”方可入座。

面试官如果有指向性示意落座，要按照相应的位置入座；面试官没有指向性示意落座，可以选择与面试官对面的最近座位入座。

如需拉出座椅，需双手轻轻拉出椅子，轻缓落座。

现场递交简历，要双手递交，并保证简历的正方向朝向面试官。上身微前倾，保持微笑，告知面试官“这是我的简历”。

tips：1. 进入面试室之前，需提前将简历拿在手中，切忌现场翻包拿简历。
2. 如背包进入面试室，在致意时一定到稳定住包，避免包突然垂落造成尴尬。
3. 落座后，可以将包放在脚下一侧，也可以放在椅背处，但要避免椅背空隙太大，书包掉落的尴尬。
4. 女生和男生都要保持指甲清洁，特别是女生不要留过长指甲，不要做夸张的指甲样式。

图 8　面试时可以选择与面试官对面的最近座位入座

5/ 握手基本礼仪

必须是面试官主动希望与你握手时，你方可进行握手致意。

握手时手臂呈 L 型 (约 90 度)。

握手时双方虎口相对，用手掌相互包裹。

握手力度要看面试官的性别，与女性握手力度要稍轻，与男性握手力度要扎实。

握手时长以 3 ～ 5 秒钟为宜。

握手时要目视对方，面带笑容。

图 9　握手礼仪

tips：1. 进入面试室前要检查自己的手是否有手汗，是否冰冷，以便做好调整，避免尴尬。

2. 面试初次见面，单手握手即可，不要用双手捧握，以免显得过于“殷勤”。

6/ 自我介绍基本礼仪

自我介绍时，要将个人基本信息、专业技术、性格特质、做事风格等部分表达清晰。

表述中语言简洁，吐字清晰，语速适中，条理清楚，不过多重复简历中的信息。

自我评价时要客观，可以富有特色。

回答问题之前可稍加停顿和思考，切忌使用过多的口头语，或犹豫不定。

注意时间的把控，以 2 ～ 3 分钟为宜。

介绍内容时要考虑如何巧妙地在自己的特质与应聘的工作之间找到契合点，进行重点介绍。

图 10　自我介绍礼仪

tips：

1. 交谈中要特别注意保持与对方的注视，并专注聆听。
2. 交谈中切忌打断面试官的讲话。
3. 当遇到你回答不上来的问题，或不具备某些能力时，应诚实、诚恳地面对回应，并表示在这方面将会不断学习提升。

7/ 面试结束基本礼仪

- 面试结束时，稳重地起立，并向面试官表示感谢。
- 可以致以欠身礼，或主动上前握手道谢和说再见。
- 致谢之后方可拿起书包，背包时动作不可幅度过大。
- 离开时将椅子放回原处。

后记

历经一年多的调研、磨合和筹备之后，这本专门针对当下青年人就业创业的个人职业形象打造管理手册终于完成了。编写的初衷是来源于笔者多年从事青年就业创业教育时，看到毕业生们所遇到的个人形象展示的难题，希望让年轻的求职者由内到外得到提升，不因形象问题被拒职场大门之外。同时，也让用人机构可以获得更高端的人力资源，减少顶岗培训的时间和成本。本书既凝结了笔者的专业资源，更得益于各个大型企业用人单位的人力资源相关领导的大力支持和帮助，在此向参与手册编写与调研的相关人力资源们表示衷心感谢。

同时也要特别感谢为手册拍摄造型照的李舒瑶和王鑫硕两位模特，为手册绘制插图的周茜玙同学。还要感谢杨柳老师为礼仪篇内容的编写付出的努力和辛苦以及在新媒体应用方面给予技术支持的管宇和杨志春。在这个跨界合作团队共同努力下，希望能给所有即将走入职场或者刚刚踏入职场的青年人以帮助，助力各位以全新的、合适的形象打开职场大门，踏入人生旅途。

作者

2017 年 9 月于北京